KB034266

비건 채식의 즐거움

몸과 마음을 살리는
소울 푸드 SOUL FOOD

비건, 몸과 마음을 살리는 소울 푸드

채식의 즐거움

초판 1쇄 발행 2020년 09월 25일
초판 2쇄 발행 2022년 05월 2일

지은이   이도경
펴낸이   유희정
기획 편집 류석균   디자인 전영진   마케팅 김헌준
펴낸곳   (주)시간팩토리
         주소 서울 양천구 목동로 173 우양빌딩 3층
         전화 02-720-9696   팩스 070-7756-2000
         메일 siganfactory@naver.com
         출판등록 제2019-000055호(2019.09.25.)

ISBN 979-11-968141-3-7 03590

이 도서의 국립중앙도서관 출판예정도서목록(CIP)은
서지정보유통지원시스템 홈페이지(http://seoji.nl.go.kr)와
국가자료종합목록 구축시스템(http://kolis-net.nl.go.kr)에서 이용하실 수 있습니다.
(CIP제어번호 2020039647)

소금나무는 ㈜시간팩토리의 출판 브랜드입니다.

비건 몸과 마음을 살리는 소울 푸드 SOUL FOOD

채식의 즐거움

이도경 지음

배우면서 즐기는 채식의 첫걸음

소금나무

전 세계적으로 기상이변과 자연재해뿐만 아니라 사스, 코로나19 등 각종 전염병이 발생하고 있다. 유엔과 각국 정상들이 모여 해결책을 논의하여 탄소 배출 축소와 친환경 에너지로의 전환, 저탄소 밥상과 대체육을 제안했으며, 각국의 국민들이 실천하기를 희망하고 있다.

저탄소 밥상이란 비건Vegan, 즉 채식 밥상을 의미하며 인류 문명의 지속 가능한 전 지구적 프로젝트라고 할 수 있다. 비건식으로 공장식축산업에서 발생하는 이산화탄소 배출, 수질 오염, 가축 전염병 등을 개선할 수 있으며, 기후 위기와 식량 문제, 물 부족 문제를 해결할 수 있는 근본 대책임을 IPCC(정부간기후변화협의체)에서도 발표한 바 있다.

또한 유엔식량기구에서 2006년 '축산업의 긴 그림자'란 보고서를 통해 축산업이 기후 변화와 환경 문제를 일으키는 주범이며, 토지 남용, 산림 파괴 ,수질 오염, 물 부족, 식량 부족과 기아, 각종 인수공통전염병 등을 유발한다고 발표했다.

여기서 잠깐..........!

우리는 좀 더 진지하게 생각해볼 필요가 있다.

이런 각종 문제점을 인지하고 해결하는 주체는 결국 사람이며, 의식의 문제이다. 사람의 의식이 어떤 상태인가에 따라서 천사 같은 사람, 고귀한 사람, 사랑이 충만한 사람이 되기도 하고, 이기적인 사람, 폭력적인 사람, 탐욕적인 사람이 되기도 한다. 아무리 좋은 대안을 제시하고 정책을 발표해도 자신에게 절실히 와닿지 않고 실천하지 않는다면 결국 메아리에 지나지 않는다. 그러므로 이러한 자각이 왜 중요한지를 깊이 생각해 보아야 한다.

지구와 국가 그리고 사회와 가족과 나는 서로 연결되어 있다. 나의 자각은 가족과 사회 그리고 국가와 지구에 영향을 끼치며, 나의 행복과 안전 또한 밀접하게 서로 연결되어 있다. 사회와 지구가 불안전한데 나만 안전하고 행복할 수는 없다.

나의 자각과 실천은 나와 가족을 사랑하고 배려하는 가장 원초적 방법이고, 확장하면 사회와 지구를 살리는 길이다.

그렇다면 자각과 실천의 근본은 무엇일까.

25년 동안 채식 요리를 연구하고 강의하며 과연 사람의 생각과 행동을 일으키는 원인은 무엇일까 많은 시간 사색하고 고민하였다. 종교철학, 한의학, 심리학, 음식, 환경 등을 연구하며 내린 결론은 인간은 삼위일체적인 구조라는 사실 그리고 나를 이루는 세 가지 유형의 먹거리가 있다는 사실이다. 이것을 소울 푸드Soul Food라고 이름 짓게 되었다.

사람을 이루는 원리는 삼위일체이다. 스마트폰에 비유한다면 기계처럼 사람도 유형의 '몸'이 존재하고, 스마트폰의 밧데리 에너지처럼 사람을 움직이는 에너지인 '마음'이 있으며, 스마트폰에 입력된 각종 프로그램처럼 사람은 고유의 정보인 '영성'을 가지고 있다.

몸에는 음식과 마음 환경 등이, 마음에는 음식과 대인관계 환경 등이, 영성에는 음식과 환경 수양 등이 유무형의 먹거리가 되어 '나'를 이루고 있는 것이다.

사회를 바꾸는 근본적 해결은 결국 사람의 의식에 있다는 사실을 인지하였기에 세 가지 먹거리와 그것을 담고 있는 세 가지 속성에 대한 이해가 중요한 것이다.

세계에는 넘쳐나는 봉사단체가 있고 사랑과 자비를 얘기하는 종교가 있으며 유엔과 국제적십자 등의 단체들이 있지만, 왜 기아와 테러, 전염병과 환경 문제 그리고 인권 문제 등이 사라지지 않을까?

결론은 기후 위기, 환경 문제, 사회 문제의 모든 이면에 존재하는 사람에 대한 이해가 부족하기 때문이다. 이런 이해를 돕기 위하여 음식 인문학과 음식 철학 차원에서 이 글을 쓰게 되었으며, 나를 이루는 구성 세 가지를 심신영心身靈이라 일컫고 이에 영향을 미치는 음식을 소울 푸드Soul Food라고 이름 짓게 되었다.

'소울 푸드Soul Food'란 나의 몸, 마음, 영성 그리고 가족과 사회, 지구를 생각한 음식 철학이다. 나의 작은 자각이 세상을 변화시킬 수 있으며, 소박한 음식혁명이 시작될 수 있다.

미래의 아름다운 지구!
안전하고 평화로운 사회!
건강한 미래의 우리 자녀!

우리가 먹는 음식에서 이루어지는 고요한 평화의 날갯짓이 세계로 퍼져나가길 소망하며!

소울 푸드 음식 철학가
이도경

CONTENTS

PART 04 음식에 관한 오해와 진실

EPILOGUE

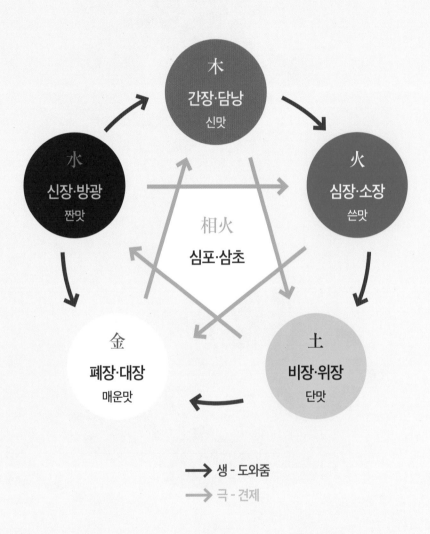

오장五臟·오미五味·오색五色 도표

木
간장·담낭
신맛

火
심장·소장
쓴맛

水
신장·방광
짠맛

相火
심포·삼초

金
폐장·대장
매운맛

土
비장·위장
단맛

생 - 도와줌
극 - 견제

PART 01

채식, 영혼의 음식 SOUL FOOD

CHAPTER 1

소울 푸드SOUL FOOD는
영혼의 양식

"영적 진보의 어떤 단계에 이르면, 육체적 욕구를 만족시키려고

인간의 친구인 동물을 죽이는 짓은 그만둬야 한다고 생각한다.

채식주의의 원칙이라 할 유일한 근거는 도덕적인 것이어야 한다."

- 간디

곡식과 채소, 과일은
최상의 음식

우리의 세포는 사랑과 평화의 에너지에 공명하고 감동한다. 먹거리가 사랑과 평화의 에너지로 채워져 있다면, 우리의 삶도 그것에 충만한 삶이 될 것이다. 창조주는 사랑으로 이 세상을 창조하고, 우리에게 씨 맺는 곡식과 채소 그리고 과일을 선물로 주면서 '이것들이 너희들의 먹거리이다.' 라고 말했다.

곡식과 채소, 과일은 인간에게 있어 최상의 음식이다. 하늘의 빛과 대지의 은혜로 만들어진 최고의 영약이며, 우주의 정신이 깃들어 있는 살아 있는 말씀이다. 음식을 먹는다는 것은 보이지 않는 우주 정보와 에너지 그리고 정신을 받아들이는 거룩한 과정이다. 그래서 식사를 성찬이라고 부르기도 한다.

우리는 신의 자녀이며 사랑과 평화를 대표한다. 결혼을 하고 아이를 낳아 보아야 부모 마음을 이해할 수 있다. 부모는 자식이 건강하게 잘 성장하기를 바란다. 그러므로 부모의 뜻에 맞게 건강하게 성장하면서 사랑과 평화의 마음을 유지할 수 있도록 노력하는 것이 자식의 도리이다.

내가 맑고 비워져 있을수록 식물에 담긴 우주의 정신은 내 영혼을 각성시키고, 나의 세포를 사랑과 평화의 에너지로 가득 채운다. 나무가 땅에 뿌리를 의지한 채 태양을 향해 자라나듯이, 나의 영혼도 현실에 뿌리를 내리고 이상을 향하여 자라나고 있는 것이다.

식물은 우리의 정신을 높고 고귀한 곳으로 인도하며, 성인의 품성으로 고양시켜 준다. 천지의 사랑과 보살핌으로 자라난 식물이기에 이것을 섭취한 우리 또한 천지의 사랑과 은혜로움으로 가득 차는 것은 당연한 이치가 아니겠는가.

하지만 육식은 순수한 세포를 오염시키고, 영혼을 어둡게 하여 우리의 본성인 사랑과 평화의 마음을 가려버린다. 그 결과 살아 있는 낙지를 씹으면서도 태연하고, 강아지를 옆에 두고 고기를 구워 먹으면서 동물을 사랑한다고 이야기한다. 이 얼마나 우스운 일인가. 만물의 영장이라는 인간이, 신의 창조물인 인간이 이리도 냉정하고 무지할 수 있는지 정말 모를 일이다.

사람은 잘 익은 포도송이를 보고 식욕을 느끼고, 김이 모락모락 나는 밥을 보며 군침을 흘린다. 육식동물은 살아 있는 짐승을 볼 때는 식욕을 느끼지만, 싱그러운 과일이나 밥을 보고 군침을 흘리지는 않는다. 정육

점 앞에 걸려 있는 시뻘건 고기를 보고 식욕이 동하는 사람이 과연 얼마나 있을까. 그것을 그냥 잘라주면 맛있게 먹을 사람이 과연 몇이나될까.

육식동물은 발톱과 이빨이 날카롭고 공격적이며 포악하다. 형태는 심상을 대변한다고 하였으니, 날카롭고 거친 모습은 내면의 성정이 폭력적이고 공격적이라는 것을 드러내고 있는 것이다. 신성한 영적 존재인 사람이 어찌 거칠고 포악한 육식동물처럼 행동할 수 있겠는가.

우리는 흔히 사람의 겉모습을 보고 마음을 유추하곤 한다. '심술궂게 생겼네', '인자하게 생겼다' 등등.

모든 것에는 정보가 담겨 있고 그것을 알게 해주는 매개체는 파동이며 물 에너지이다. 동물의 피와 근육, 살에는 그 동물의 습관과 성정이 기록되어 있다. 따라서 그것을 섭취한 사람도 동물의 성정과 체형을 닮아 가는 것이 원인과 결과의 법칙이며, 공명의 이치이다.

사람의 장기나 세포에도 그 사람의 경험과 성격이 파동의 형태로 실려 있다. 따라서 장기를 이식한다는 것은 서로 다른 에너지와 정보가 겹쳐지는 현상을 낳는다. TV의 이중화면이 겹쳐지고, 어두운 창문에 사물이 이중으로 겹쳐지듯이 에너지와 정보의 겹침도 이렇게 일어나는 것이다.

이름으로 규정짓는 '나'는 몸의 주인이며, 나만의 개성과 정신을 소유하며 살아가고 있다. 그러나 육식은 빛났던 나의 영광을 가리고 동물의 성정으로 타락시킨다.

고기와 유제품을 많이 섭취한 우리나라 청소년들은 서양 아이들처럼 덩치가 커지고 키도 크다. 그런데 쉽게 지치고 비만과 당뇨가 나타나며 자신의 감정을 통제하지 못한다. 심지어 각종 성범죄나 충동적 잘못을 저지르기도 한다. 왜일까. 육체의 성장에 따르는 정신의 성숙이 없기 때문이다.

유제품과 고기에는 동물 성장의 설계도가 입력되어 있다. 그런데 동물이 아닌 사람이 그것을 먹으니 동물처럼 빨리 성장하고 덩치가 커지는 것은 당연한 일이다.

육식은 사람의 형체를 키우고, 채식은 정신을 키운다. 육식은 사람을 타락의 골짜기로 인도하지만, 채식은 창조의 품성으로 거듭나게 하는 것이다.

사람은 최고의 먹거리를 원한다. 사랑과 평화의 에너지로 가득 채워진 먹거리를 추구한다. 그때 우리의 세포는 빛나는 드레스를 입고 사랑과 평화의 2중주에 맞춰 우아한 자태를 뽐내면서 춤을 출 것이다.

미래의 식생활은 채식과 생식
그리고 자연식과 에너지식

엘렌 G. 화잇이 쓴 〈좋은 음식 올바른 식사〉라는 책을 보면 사람들은 노아의 대홍수 이후에 주로 육식을 했다고 한다. 그런데 창조주는 사람들이 타락하고 그들을 만든 자신에게 오만하며 마음대로 하고 싶어 하는 것을 보고, 사람에게 동물성 식품을 먹도록 허락해 육체는 물론 정신을 타락하게 만들었다. 그 결과 인류는 체격이 작아졌으며 수명이 급격히 감소되기 시작했다고 한다.

사람이 죽은 동물의 고기를 먹는 것은 육체적으로 체질은 물론이요, 도덕성을 저하시키는 악영향을 끼친다. 좋지 못한 건강의 원인을 추적해 보면 분명히 육식의 결과가 드러나는 것을 알 수 있다. 고기를 먹으면 암이나 종양, 심혈관세실환 능이 생기게 되는 것이 그것이다. 도살장에 끌려온 짐승은 본능적으로 사나워지고 공포로 가득 차게 되는데, 이런 고기를 먹으면 경련, 졸도, 통증, 염증의 원인이 된다. 고통스러워하는 짐승의 피는 곧 독毒인 것이다.

정신적으로나 육체적으로 힘든 일을 할 때는 고기를 먹어야 힘이 나는 것으로 생각하는 사람이 많다. 이것은 착각과 오해일 뿐이다. 인체는 고기를 먹지 않고도 복잡하고 섬세한 일들을 해결할 수 있으며, 육체노동은 물론 더 큰 힘을 발휘할 수 있다.

곡식과 채소, 견과류와 과일은 인체에 필요한 모든 영양소를 갖추고 있으며, 체내에 들어가면 고기 이상의 칼로리와 에너지로 변한다. 소가 풀만 먹고 살아도 살이 찌는 이유를 깊이 생각해볼 필요가 있다.

첨단과학은 우리에게 많은 선물을 주었고, 신비롭게만 여겼던 부분을 밝혀내고 있으며, 실제 모습도 나타낼 수 있게 만들었다. 식물의 감정이나 에너지도 킬리안 사진기와 첨단기기로 측정이 가능하다고 한다. 식물이 음악이나 빛, 사람의 마음 등의 주변 환경에 얼마나 민감하게 반응하는지도 실험 결과 자세하게 밝혀지고 있다. 또한 사람의 오로라를 측정하여 인체 에너지 활성도나 감정 등을 알아낼 수도 있다고 한다.

여기서 재미있는 가설을 생각해보았다. 모든 사람이 제 3의 눈(지혜의 눈, 소위 기적과 신통을 행할 수 있다는 이마의 눈)이 열려 모든 존재물의 에너지를 보고 느끼고 들을 수 있게 되었을 때의 지구를 상상해보자.

다른 사람의 마음이 내 마음처럼 느껴지고, 식물과 느낌으로 대화하며 기쁨의 미소를 짓게 될 것이다. 또 요리의 상태를 보고 요리사의 마음을 느낄 수 있으며, 출하된 채소와 과일을 보면 농부의 정성이 어떠했는가를 느낄 수 있을 것이다.

하지만 캔이나 박스에 포장된 음식에서는 밝은 에너지가 느껴지지 않으며, 부정적 파동이 감지될 것이다. 고기에서는 동물이 죽을 때 고통스러움으로 인해 분노하고 저주하는 기운이 실려 있음을 알고 누구나 소스라치게 놀랄 것이다. 흰 밀가루로 만든 빵이나 과자는 에너지가 미약하고 좋지 않은 파동이 실려 있음을 알게 되어 먹기가 싫어질 것이다.

눈을 돌려 대지 위를 보면 꽃은 태양을 향해 노래를 부르고 있고, 가냘픈 잡초는 바람에 몸을 실은 채 시를 읊고 있다. 탐스런 사과와 포도에서는 에너지가 용솟음치고, 벼와 보리에는 에너지가 농축되어 있음을 보게 된다. 태양은 사랑과 자애로움, 평등의 가르침을 설파하고 있고, 땅은 희생과 인내 그리고 조화를 보여준다. 겸손한 물은 유연하게 노래를 부르며 다양한 창법을 구사하고, 바위는 의연함과 순응을 몸소 실천하고 있는 모습을 보인다. 바람은 진퇴進退와 강유剛柔의 중용을 가르치고, 드러내지 않는 미덕을 속삭인다. 자연은 이런 정신을 아름다운 운율의 가르침으로 대지의 모든 것에게 말할 것이다.

공상영화에서나 나올 법한 얘기지만, 이런 날이 머지않아 올 것이라 믿고 있다. 이런 세상에서는 생각이나 의도, 에너지, 감정 등이 상대방에게 감지되고, 나도 동일하게 보고 느낄 수 있으므로 거짓된 마음이나 이기심, 교묘한 상술과 위선, 탐욕은 부릴 수 없을 것이다.

이런 무공해 시대에 탐욕스런 사람이 간혹 있다면, 오히려 특이한 개성을 가진 사람으로 보이고, 스스로 부끄러워 자신의 심신을 개선하려고 노력할 것이다. 이익을 챙기기 위해 식품첨가물과 화학원료를 음식에 넣거나 에너지가 비어 있는 껍데기뿐인 음식을 팔지도 않을 것이다. 농사도 하늘을 공경하듯 정성스럽게 지으니 먹거리마다 정성과 에너지가 충만하다. 고기를 파는 집은 변방의 골짜기에나 간혹 있어 특이한 사람들이 별식으로 즐길지도 모른다.

사람들은 모두 파동으로 연결되어 있음을 알기에 진정 남을 배려하고 사랑할 것이며, 마음과 눈빛으로 느끼며 미소로 대화할 것이다. 지구촌이 사랑과 평화로 충만하니 모두가 가족이며 공동체가 될 것이다. 이런 사랑과 평화가 충만한 지구촌은 바로 올바른 먹거리로부터 시작된다.

인간의 행복과 불행은 정신과 보이지 않는 마음에 있는 것이므로 개개인이 정신과 마음을 올바르게 세우고 깨끗이 할 수 있다면 지구촌은 자연스럽게 지상낙원이 될 것이다.

꿈은 희망과 열정을 갖게 하며 대의명분을 갖게 한다. 시공의 흐름 속에서 이 세상에 왔다가 때가 되면 가는 것이 순리이지만, 모든 것이 인연이기에 아름다운 꿈을 퍼뜨리려 나비의 날갯짓이라도 한다. 지구 저편으로 퍼질 파동을 생각하면서 말이다.

음식의 분류와 건강한 먹거리

목적에 따른 분류

- 선식仙食 : 세속을 벗어나 수양과 장수를 목적으로 하는 식사법으로 잣, 솔잎, 콩, 백복령 등을 생식한다.

- 생식生食 : 건강, 치병, 수양의 보조요법으로 하는 식사법으로 불을 쓰지 않고 조리하여 먹으며, 완벽한 생식은 뜨거운 물, 익힌 음식, 뜨거운 목욕도 배제한다.

- 자연식自然食 : 공해 요인을 배제한 식사법으로 화식을 하면서 무공해, 무농약, 무정제의 재료로 조리한다.

- 치병식治病食 : 질병을 치유할 목적으로 약성이 강한 약초나 곡물 등을 선별하여 먹는 식사법으로 치유가 되면 원래의 보편적인 식사로 돌아간다.

음식은 자신의 상황과 목적에 따라 조절할 수 있는데, 전문가의 적절한 안내와 지도가 없다면 아무리 중성의 식품이라 하더라도 장기적인 부적절한 섭생은 질병을 초래한다. 또한 식품의 보이지 않는 에너지는 우리의 오장육부와 성정에 많은 영향을 초래하기 때문에 생식이나 치병식, 선식 등은 특히 전문가의 지도를 필요로 한다.

• 인간의 건강한 먹거리

밝은 햇빛, 맑은 공기, 깨끗한 물, 청정한 토질에서 자란 무공해 과일, 화학비료와 농약을 치지 않은 채소, 오염되지 않은 바다의 해조류, 산에서 채취한 자연산 산야초, 산과 들에서 채취한 무공해 찻잎, 지력이 살아 있는 밭에서 자란 근채류, 지력이 살아 있는 논에서 자란 곡류(1분도 현미, 통밀, 통밀 스낵류 등), 청정 농산물과 양념으로 담근 장(된장, 간장, 고추장 등), 청정 농산물로 짠 기름(참기름, 들기름 등)

• 인간이 멀리해야 할 식품

유전자조작식품, 수입 밀가루와 이것으로 가공한 과자와 빵, 정제 가공식품, 인스턴트 식품, 육류, 생선, 달걀, 젓갈, 유제품, 통조림, 화학조미료, 술, 담배, 정제염, 탄산음료, 정제 식용유, 버터, 마가린, 햄, 소시지, 백설탕, 아이스크림, 수입 과일, 수입 냉동 채소, 껍질 벗긴 수입 견과류, 성의 없는 음식, 만든 지 오래된 음식, 제철 음식이 아닌 것

CHAPTER 2

소울 푸드 SOUL FOOD의
원리

"채식의 물리적 효과만으로도 인류 문명에 유익한 영향을 줄 것이다.

채식이 가져오는 변화와 정화 효과는 인류에

대단히 유익하다고 생각한다.

채식을 선택함은 매우 상서롭고 평화로운 것이다."

- 아인쉬타인

식물 속으로 들어간
지혜의 물과 빛

모든 것은 물로 연결되어 있다. 동양에서는 모든 만물의 근본을 물로 생각하고, 물을 신격화할 정도로 소중하게 여겼다. 서양의 탈레스라는 학자도 "우주의 근본은 물이다."라고 말했다. 우리 어머니들이 객지에 나가거나 시험을 보는 자식의 희소식을 기원할 때에도 장독대 위에 정한수를 떠놓고 빌었다. 그렇게 하면 물의 신이 소원을 이루어주리라고 믿었던 것이다.

에모토 마사루가 쓴 〈물은 답을 알고 있다〉라는 책을 읽어본 분이 많을 것이다. 나 역시 그 책을 읽고 많은 부분에 공감하면서 마치 동지를 만난 듯한 느낌이었다. '물은 모든 것을 기억하고 전사傳寫하는 살아 있는 에너지이다.'라고 하는 것이 이 책의 요지이다. 우리가 나쁜 말이나 생각을 하면 물은 그것을 반영해 일그러진 형상을 보여주며, 긍정적인 말이나 문자, 도형에는 안정적이고 평화로운 모습을 보여준다니 참 신기할 뿐이었고, 무척 감격스러운 만남이었다.

이 책을 읽어 보면 좋은 에너지와 정보를 가진 물과 식물을 섭취함으로써 인체와 의식 또한 맑아진다는 것을 알 수 있다. 따라서 오염된 장소의 식물이나 물, 좋지 않은 마음으로 요리된 음식은 자제해야 한다. 좋지 않은 에너지나 정보가 식물과 물, 음식 속에 고유한 에너지로 자리 잡고 있기 때문이다. 옛날 우리 조상들은 이런 모든 것을 이미 알고 있었기 때문에 생활 속에서 실천하려고 노력했다.

수水의 고향은 북극성이요, 블랙홀이다. 가까이는 태양의 수水 에너지가 빛을 발하고 있으며, 우리에게 지혜의 에너지를 방사하고 있다. 수水는 순환, 변화하면서 무無에서 유有로 형이상학과 현상계를 넘나들고 있다.

수증기는 눈에 보이지 않지만, 모이면 구름이 되고 비가 되며 마침내는 그 모습을 드러낸 채 밑으로 떨어진다. 지구 표면 위를 누비며 다양한 정보를 담고 땅 밑으로 들어가 여행을 시작한다. 그리고 땅속에서 수만 년 전부터 있었던 지하수와 입맞춤을 하고 나면 중력을 무시한 채 다시 위로 솟아오른다. 이것이 용출수가 되고 샘물이 되어 우리의 갈증을 풀어주고, 초목의 젖줄이 되어 생명력을 주는 것이다.

천지를 순화한 물은 지혜로운 노인처럼 다양한 경험을 간직하고 있다. 사람의 의식이 다양한 경험을 통해 확장되듯, 물은 자연계의 법칙에 의해 비와 지하수 그리고 바다, 구름으로 순환하면서 얻은 수많은 대자연의 정보를 우리의 의식 속으로 흡수시킨다.

　식물 속으로 들어간 지혜의 이 생명력은 식사를 통해 우리의 몸으로 스며든다. 식물을 섭취한다는 것은 단순한 영양분이 아닌 우주의 정신을 받아들이고, 물의 지혜와 생명력을 받아들인다는 점을 잊어서는 안 된다. 물은 신비로운 존재이며 경이의 대상으로서 항상 흐르고 변화하는 성질이 있다. 그래서 고이면 썩는 것이다.

　물은 영원히 머물러 있지 않는다. 물은 순환과 흐름으로 끊임없이 진화하는 발전적 미덕을 보여주고 있는 것이다.

　이 물을 빛 에너지와 잘 섞어 포장해 놓은 것이 채소와 곡물, 과일이다. 물론 농축 정도와 정보가 다르므로 다양한 형태를 취하게 된다.

　지구의 79%가 물로 채워져 있듯이 사람의 몸도 70%가 물이다. 식물은 90%가 물로 이루어져 있다. 대기도 마찬가지로 보이지 않는 물로 이루어져 있는데, 대기 속에 수증기가 있기에 소리가 전달되고 우리가 숨을 쉴 수 있는 것이다.

　물은 양이 많아지면 빛깔이 검어지고, 적어지면 푸르게 되며, 증기가 되면 하얗게 변한다. 그러므로 수水의 근원은 하얀색이라고 할 수 있으며, 모든 종류의 씨앗 속이 흰색으로 이루어져 있는 것이다. 사람의 이나 뼈가 하얀 것도 이 수水 에너지가 응결되어 있는 근원의 색이기 때문이다.

수水가 모이면 검어지고, 검은 곳에서 비로소 생명 현상으로 싹트게 된다. 이곳이 우주의 자궁 블랙홀이며, 여자의 자궁이요, 사람의 머리인 것이다. 검은 것은 계절에서는 겨울이 되고, 하루에서는 밤이 되며, 뭇 생명을 탄생시키고 여명을 드러나게 하는 역할을 한다. 빛도 이 수水 에너지 회전운동으로 인해 생성되고 뇌성이 울리니, 이는 생명이 탄생하는 소리이며 진동이 시작되는 근원이다.

물은 무無에서 유有의 현상으로 순환하며, 하나에서 분화돼 다시 하나의 근원으로 돌아가는 여정을 우리에게 화두로 던진다. 그런 의미에서 물은 우리의 스승인 것이다.

인간은 영적으로 점점 진화할수록 인체의 물이 형이상학적 빛 에너지로 승화해 간다. 진동력이 높을수록 물질적인 수水는 에너지인 빛의 모습으로 변화해 가는 것이다.

빛이 들어가지 않는 심해에서 사는 물고기는 수만 년 전의 원형을 그대로 간직한 채, 환경에 적응해 살아가고 있다. 즉, 빛과 수水의 고高 진동이 없는 곳에서는 진화가 아주 더디게 일어나고 있다는 것을 보여주고 있다.

물의 이 같은 보이지 않는 작용으로 말미암아 우리의 영성은 밝아지며, 식물과 인체가 감응하는 것이므로 좋은 물과 식물의 올바른 에너지의 섭취가 얼마나 중요한지 알 수 있다.

흔히 아는 것을 힘이라고 한다. 이 힘은 경험이요, 에너지요, 넓어진 마음이다. 체득한 것이 많은 만큼 에너지가 더 많이 감응하고 지혜 역시 커진다. 그러므로 올바른 정보와 개념은 경험 못지않게 인간을 성숙시키는 밑거름이 된다. 나무가 자랄 때 기둥을 세워 묶어 두면 바르게 성장하듯이, 사람도 올바른 개념으로 말미암아 곧게 성장하는 것이다. 그래서 아이들의 교육이 무엇보다도 중요하다.

우리가 어린 시절 잘못을 하면, 선생님들은 손바닥과 종아리를 때리거나 귀를 잡아당기곤 하였다. 그때는 원망스럽고 서운했겠지만 사실 이 모든 것은 수水 에너지를 활성화하고, 두뇌를 각성시키는 효과적인 방법이기도 하다. 손바닥과 종아리, 귀는 신장, 방광의 경락과 통하기 때문이다.

물은 마시는 것부터 시작해 장부와 혈액, 지구, 우주를 이루는 근본 질료이며, 보이지 않는 정신세계를 배양하는 젖줄과 같은 존재이다.

소울 푸드Soul Food는 단순한 육체적 먹거리가 아니라 영적, 에너지적, 신체적 음식을 총괄한 표현이다.

영적 음식은 우리의 영성을 고양시키는 내면으로의 집중이요, 수행이다. 그리고 에너지적 음식은 긍정적 마음, 화평하고 걸림 없는 마음의 상태를 추구하는 것이다. 또 신체적 음식은 영성의 구현과 건강을 위한 도구로 쓰이는 육체를 소중히 간직하게 만든다.

채식과 자연식을 중시하며 환경 에너지를 정화하고 의식을 맑게 하고자 노력하는 것, 이것이 소울 푸드의 진정한 정의이다.

먹거리는
나를 이루는 기본

인체의 세포는 늘 옷을 갈아입는다. 우리가 섭취하는 음식으로 옷감을 짜고, 우리가 숨 쉬는 공기로 호흡하며, 우리의 마음에 따라 춤을 춘다. 이 때문에 먹는 음식이 오염돼 있으면 세포는 누더기 옷을 입고, 마시는 물이 오염되어 있으면 구정물로 목욕을 하게 되는 것이다. 그리고 숨 쉬는 공기가 오염되어 있으면 세포 역시 호흡 곤란을 겪으며, 마음이 부정적일 때는 세포도 제정신을 잃고 방황하게 된다.

이런 현상이 계속되면 세포는 활기를 잃고 병들며 노화한다. 그리고 자신을 하찮게 대접한 인체를 원망하며 본분을 망각한 채 유전자 변이 현상 같은 돌연변이를 가져오게 되는데, 이것이 질병이다.

우주에는 다양한 파동이 존재하는데, 서로 조화를 이루며 통일된 상태를 유지하고 있다. 이로 인해 만물은 다양한 형태를 띠게 되며, 고유의 개성인 색, 향, 맛, 성질, 기氣를 달리하고 있는 것이다. 인간의 몸과 마음도 각기 다른 에너지 상태를 보유함으로써 다른 성격과 다른 질병, 차별된 삶을 살고 있다.

인간을 비롯한 만물은 이런 각각의 치우침으로 인해 늘 완전함을 원하고, 그것이 끊임없는 활동과 존재의 열정으로 나타난다. 어쩌면 이 세상에서 각각의 개성을 갖고 창조된 것 자체가 조화와 완성이라는 목적을 우리에게 부여하고 있는지도 모른다. 이 부족함과 치우침이 심각해지고 조화를 잃어버리면, 질병의 현상이 드러나며 성격의 이상도 발현되는 것이다.

이때 비워진 곳을 채워주고 치우침을 교정해주는 것이 몸의 치유이자 마음의 바로잡음이다. 이 과정에서 서로 공명되는(도움을 주는) 에너지를 잘 파악하여 조언을 하는 것이 의사이고 카운슬러인 것이다.

인체의 오장육부는 뇌와 상호 소통을 하면서 사람이 항상 지켜야 할 5가지의 도리인 오상五常, 仁義禮智信과 심신의 상태를 조율하고 있다. 오장육부와 오상이 조화를 이룸으로써 원만함을 갖게 되고, 심신의 둥근 원을 만듦으로써 하늘의 덕을 나타내게 된다. 오장육부의 허실은 성정의 치우침으로 드러나며, 성정이 치우쳤다는 것은 오장육부가 조화를 잃어버렸다는 것을 의미한다.

사람이 이렇게 되면 미각味覺부터 중도中道를 잃고 식탐을 부리게 되며, 감정 조절의 조화를 잃고 언행에 불협화음이 발생한다. 이것은 대인관계에도 영향을 끼쳐 개인과 가정의 일상에도 지장을 주는 등 그 사람의 삶에 실로 지대한 영향을 미치는 것이다.

인생은 선택의 연속이요, 만남과 변화의 장場이다. 선택과 만남에서 중요한 결정을 하는 것은 그 사람의 정신 자세이다. 올바른 정신과 판단력에서 삶이 여러 갈래로 갈라지는 것이므로 오장육부와 인의예지신仁義禮智信의 조화는 매우 중요하다. 이 둘의 조화를 보좌하는 먹거리와 마음의 상태야말로 운명을 결정짓는 중요한 변수가 된다.

일본의 한 관상의 대가는 그 사람이 먹는 음식과 자세만 봐도 운명을 판단할 수가 있고, 음식의 조절만으로도 운명을 변화시키는 것이 가능하다고 말한다. 아마도 그는 음식 에너지가 오장육부와 뇌의 호르몬계에 영향을 미치는 원리를 깨친 사람이 분명하다.

실제로 어느 한 사람이 좋아하는 기호(음악, 그림, 음식 등)나 언행, 목소리, 자세를 보면 그 사람의 성정이나 인격이 금방 드러난다. 몸은 마음의 드러남이요, 언행은 마음의 표현이기 때문이다.

뇌는 인체의 신성神性이 자리하는 총 지휘부로서 컴퓨터의 하드웨어와 같은 곳이다. 인체는 뇌의 지령에 의해 움직이는데, 전기가 공급되지 않거나 바이러스가 침투하면 컴퓨터가 고장을 일으키듯이, 뇌와 오장육부에도 올바른 에너지를 공급하지 않게 된다든지, 마음도 중도를 잃으면 뇌를 손상시키게 된다.

인체의 오장육부는 각각 고유의 수파수(파동)를 갖고 있으며, 식물도 맛, 색, 형, 부위, 계절, 산지에 따라 각기 다른 파동을 갖고 있다.

예를 들어 간肝의 파동과 공명하는 음식을 섭취했을 때는 간의 에너지도 활성화되며, 간의 파동을 억제하는 음식을 섭취했을 때는 간의 에너지도 약해진다. 이 때문에 간의 기능이 실하면 극하는 파동의 음식을 섭취하고, 간이 허약하면 도와주는 파동의 음식을 섭취해야 한다. 동양에서는 이것을 두고 '보사補瀉의 원리'라 하며, 식물의 에너지를 연구한 본초학이 발달한 것도 여기에서 비롯된다.

그런데 지금에 와서 이것을 잊어버린 채 오로지 칼로리의 이론과 고단백, 고지방의 영양학에 심취해 음식을 섭취하고 있으니 갖가지 성인병이 나타나고 있는 것이다.

칼로리가 아무리 낮아도 음식의 에너지가 활성화되어 있고 정신이 살아 있다면, 없는 영양도 재생이 가능한 것이 우리 인체의 신비이다. 물만 먹고 단식을 70일 이상 하는 사람도 있는데, 현대 영양학의 이론으로 보면 벌써 죽었어야 하는 사람이지만 실제로는 건강하게 살아가고 있다.

복제양 돌리가 체세포 하나에서 탄생되었듯이, 우리의 세포 속에는 무엇이든 재생할 수 있고 합성할 수 있는 최첨단 시스템이 갖춰져 있다. 그러므로 극한 상황에서나 종교적 신앙, 수행을 위해 물만 먹고도 50일 이상 생존할 수 있는 것이다.

이런 신비하고 신성한 인간의 힘에 대한 믿음이 있다면 기적은 언제든지 일어난다. 인간이 자연을 가까이 할수록 과학은 할 말을 잃어버리게 되는 것이다.

Soul Food 슬로건

- 사람은 영혼, 에너지, 신체의 삼위일체적 구조이므로 셋의 조화를 통하여 전체적인 건강을 추구한다(명상, 마음의 평화, 감정 조절, 자연식 식단, 생활 습관 개선 등).

- 우리는 지구의 세포와 같다. 환경이 좋아야 세포도 건강해지므로 지구의 환경을 아름 답고 평화롭게 유지, 개선해 나간다.

- 현대인은 중금속, 식품첨가물, 육식, 가공식품으로 인하여 인체에 노폐물이 쌓여 있 다. 따라서 해독을 근원으로 하는 전체식과 채식을 중시한다.

- 현대인은 과도한 스트레스와 경쟁 심리로 인하여 가슴과 머리는 뜨거워지고 에너지 가 고갈된 음식 섭취와 나쁜 생활 습관으로 하복부를 냉하게 만들었다. 그러므로 뿌 리 음식의 섭취, 적절한 운동과 자신을 행복하게 해주는 일을 추구한다.

- 음식의 영양, 기氣를 포함하여 음식 재료 속에 담긴 우주의 정신을 중시한다(이것을 도 가에서는 선식仙食이라고 불렀다).

- 소극적이 아닌 적극적 태도로써 시대에 동참하여 의로운 일에 앞장서고 대의명분을 중시한다.

• 요리사의 바른 정신 자세와 깊이 있는 철학을 요구하며 끊임없는 공부를 중요시한다.

• 주부, 요리사, 식품 관련 종사자들이 의식 전환을 할 수 있도록 채식의 철학을 널리 알린다. 자연스럽게 병원과 의사는 사라지고, 상술로 버무려진 패스트푸드도 사라질 것이다.

• 소식과 단신, 생식, 채식, 자연식, 전체식, 신토불이식, 계절식을 중시한다.

• 뇌에 축척된 노폐물과 중금속은 뇌 세포의 떨림(진동)으로서만 배출되므로 우주의식과 하나 될 수 있도록 명상을 한다(기도, 묵상, 참선 등).
(이것은 우주의식에 집중함으로써 공명이 일어나고 이 힘에 의하여 뇌는 다시 활성화되는 것인데 약물 복용만으로는 배출되기 어렵다. 보조요법으로써의 단식은 자연치유력을 극대화하여 뇌의 노폐물을 청소한다. 긍정적인 정신 자세와 활기찬 마음을 가질 때 뇌세포도 활성화되므로 정화가 이루어진다. 뇌세포가 살아나면서 노폐물이 배출되면 콧물이 흘러나오고 눈곱이 끼며 얼굴에 부스럼이 나는 등의 증상이 나타나기도 한다.)

CHAPTER 3

식물은 은혜로운 대지의 어머니

"채식 생활을 하게 되면 상당히 나이가 들 때까지도

평화롭고 건강하게 살게 될 것이며, 그와 비슷한 생활을

자신의 뒤를 잇는 자손들에게도 물려주게 될 것이다."

- 플라톤의 <공화국>

채식약선철학!
음양오행을 말하다

우주는 음양의 상대성 법칙으로 순환하고 있으며, 둘이 하나 되어 다시 근원의 문으로 귀의하는 것이 이 세상의 순리이다.

　엄마의 자궁에서 남과 여가 태어나듯이 우주의 품속에서 음과 양의 상대성 현상계가 생겨났다. 이 음과 양은 서로를 바라보고 부딪치면서 배우고, 서로의 부족한 부분을 채워나가며 하나가 된다.

　동양철학의 음양오행론은 우주 순환의 이치와 인과심성론因果心性論을 자연의 이치에 비유하여 풀어 놓은 우주철학의 경전이다. 유교에서는 이를 역경易經이라고 해서 사서삼경四書三經 중에서 가장 중요하게 여겼다. 역경은 옛날에는 왕이나 고위 관직 종사자, 사대부들만이 공부했던 심오하고도 난해한 철학이며 사상이었다.

　조정에서는 관상감이라는 벼슬을 두고 천문을 살펴 국가의 안위와 날씨를 관측하게 함으로써 밖으로는 국체 유지에 힘썼으며, 안으로는 농사와 질병, 민심 등에 응용했다. 사실 동양의 모든 학문과 생활양식은 음양오행 철학을 기초로 하여 구성되었다. 음악이 그러하고 건축이 그러하며 정치, 경제, 교육, 무예, 음식이 모두 그러하다.

우리 조상들은 수水를 근원이라고 보았기에 가장 높은 어르신의 거처는 북쪽에 두었으며, 목木은 푸르다 하여 해가 뜨는 동쪽에 아이의 거처를 정했다.

숟가락은 하늘을 본뜬 둥근 모습인데, 이는 천기를 머금은 밥을 먹기 위한 이치이다. 또 젓가락은 땅을 본뜬 두 가닥의 모습으로, 이는 지기를 품은 반찬을 먹기 위함이다. 갓이 검고 둥근 것은 우주의 근원을 상징한 것이며, 머리카락을 모아 상투를 튼 것도 우주로의 귀일歸一을 염원한 것이다. 집의 구조는 천지인天地人의 원리로서 지붕과 바닥이 천지요, 천지 사이에 비어 있는 공간이 사람의 거처이다. 이와 같은 예를 들자면 끝이 없는데, 우리 조상들은 이처럼 생활의 모든 부분에서 우주의 이치를 적용하여 살아왔다.

분명한 것은 바로 이렇게 했을 때, 모든 것이 가장 효율적인 에너지 상태를 유지할 수 있고, 하늘의 본성을 잊지 않으며, 그 정신을 늘 지킬 수 있다는 점이다. 우리 조상들은 과학에서 말하는 '공명과 에너지의 원리'를 이미 알고 생활 속에서 실천하고 있었던 것이다.

피부를 살결이라고 하는데, 이 '결'은 에너지의 흐름인 파동을 상징하며, 육신의 근원은 물질이 아니라 에너지요, 파동의 결이라는 것을 뜻한다. 우리 조상들은 이것도 알고 있었던 것이다. 이와 같은 명명백백한 이치를 무시하고 단지 미신이라고 치부하는 사람이 많다. 특히 과학을 연구하는 사람이나 박사, 교수라는 사람들까지도 그러하니 안타까울 뿐이다.

사실 박사博士는 한 분야의 전문인에 지나지 않는다. 우주는 넓고도 깊어 사람의 지식으로는 헤아리기 어렵다. 그러므로 누구나 겸손하게 끊임없이 연구하고 정진해야 한다.

공부할 때가 제일 행복하고 마음이 편안하다고 말하는 사람이 많다. 현자라면 이때가 가장 순수하고 겸손해지며 마음이 고요해지기 때문이다. 지식을 뛰어넘는 것이 이치이고, 이치를 뛰어넘는 것이 우주와의 합일合一이 된 체험이다. 글을 모르는 일자무식인 사람일지라도 이치에 통하면 사물에 밝아 막힘이 없는 것이고, 우주의 진리와 합일된 사람의 지혜는 이 세상에선 따를 자가 없게 되는 것이다.

우리는 이런 사람을 성인이라고 말하고, 성인의 가르침을 존경하는 것이다. 부모를 존경하는 것은 모든 면에서 모범이 되고 사랑과 헌신으로 자식들을 평등하게 대하기 때문이다. 신을 공경하고 성인을 추앙하는 것도 전지전능하고 무소부재하며 완전무결한 힘과 지혜, 사랑이 있기 때문이다.

이제 황금시대가 도래하자 올바른 지혜를 갈구하는 사람이 늘고 있다. 진실로 종교와 민족의 벽을 허물고 마음을 열어 통합의 시대로 가고 있는 것이다. 아름다운 황금시대의 지구는 우리의 열린 마음과 서로 하나 되는 마음에서 창조되는 것이다. 마음은 보이지 않지만 모든 것을 엮어주고 꿰어주는 힘이 있다.

우주의 마음 안에 지구의 모든 미움과 갈등, 분노와 편견이 녹아들어 새로운 생명으로 탄생되는 거듭남의 시대가 빨리 왔으면 하는 마음이 간절하다.

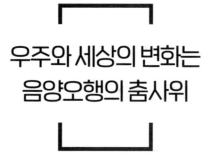

우주와 세상의 변화는
음양오행의 춤사위

많은 사람이 음양에 대하여 오해하거나 편견을 갖고 있기에, 음양의 이치에 대해 짧게 기술해본다.

음양은 우주의 질서를 이해하는 상징적 단어이다. 순환하고 변화하는 우주의 에너지를 두 가지 특성으로 파악하여 우리에게 우주의 진리를 전하고 있다. 음양은 무극을 근원으로 하여 형성되는데 아래와 같다.

무극無極 = 불경의 무상정등정각無上正等正覺 = 오행의 금金에 해당

고진동高振動 = 도道 = 창조주 = 신神

우주 본질 = 고요하고 여여한 상태 = 영혼의 바다

찬란한 흰빛의 상태로 비유(백의민족 비유) = 하느님의 나라

태극太極 = 음의 생성 = 암흑, 혼돈의 시기 = 오행의 수水에 해당

생명 창조의 근원(사람의 자궁, 하루 중 밤에 해당, 영혼의 심연, 창조의 필름, 빛의 응축 등), 블랙홀, 자기, 진동, 몸의 근원

음양陰陽 = 물질의 창조 = 오행의 목木으로부터 분열

상대성의 세계, 사람의 에고 형성, 영혼의 물질화, 빛의 투영, 전기, 저진동, 어둠에서 투영된 실체의 그림자, 오행의 상생상극相生相剋, 천지만물의 다양성으로 분화

무극無極은 영혼의 근원으로서 고요한 바다와 같다. 고요하고 텅 비어 있는 것 같지만 모든 것을 포함하고 있다. 찬란한 빛의 바다로서 모든 우주의 근원이며 창조를 있게 한 그 자체인 것이다. 또한 무극은 우주의 다양한 창조를 위하여 태극(어둠)을 형성하고, 빛의 쏘임을 통해 실체의 그림자인 이 세계를 만들었다.

'영'의 무극 세계에서 태극을 거쳐 '二'의 현상계가 창조되었다. 완전함 속에서 암흑의 차원을 거쳐 물질적인 세계가 이루어졌고, 완전함을 잊게 하는 에고(분별성, 이원성, 상대성)의 세계가 이루어진 것이다.

음양의 상호관계 속에서 합일하려는 성향을 갖게 되고, 다시 무극으로 돌아가는 과정을 깨달음, 도道에로의 회귀라고 칭한다. 그림자는 실체를 그대로 투영하여 같은 속성을 지니지만, 거울 속의 모습과 같이 반대로 비추어진다. 완전했던 빛의 기억을 희구하며 상대적인 이 세상에서 물길

을 거슬러 오르는 연어처럼 진리를 추구하는 삶을 살아가는 것이 구도의 과정인 것이다.

음양의 특성은 우주를 이해하는 경전과 같은데, 큰 속성들을 파악함으로써 우주와 자연, 인간의 이치를 잘 이해할 수 있다. 우주가 넓고 복잡하고 다양한 모습을 나타내며 무질서하게 보이지만, 그 이면에는 질서가 자리 잡고 있다. 이것이 음양오행의 법칙으로서 우주를 이해할 수 있는 지도와 나침반 역할을 하는 것이다.

음양오행의 잣대를 가짐으로써 모든 현상과 사물에 대한 이치를 파악할 수 있으며, 복잡함과 무질서 속에 가려진 단순함과 질서를 이해할 수 있다. 진리는 단순한 것이라고 하듯이, 우주의 모든 변화가 음양오행의 춤사위에 지나지 않는 것이다. 음양의 일반적인 큰 특징을 보면 아래와 같다(절대적인 것이 아니라 상황에 따라 변함).

음陰

어둠, 응축, 차가움, 어머니, 고요, 땅, 바다, 여자, 짝수, 아래, 부드러움, 북쪽, 흑색, 파괴, 블랙홀, 원심력, 오장五臟, 식물, 증오, -(마이너스)

양陽

밝음, 폭발, 따뜻함, 아버지, 활동, 하늘, 산, 남자, 홀수, 위, 강함, 남쪽, 화려함, 창조, 화이트홀, 구심력, 육부六腑, 동물, 사랑, +(플러스)

첫째, 음양의 상대성相對性 법칙

이 세상에 존재하는 모든 것은 상대적으로 이루어져 있으며, 서로 순환하면서 하나의 원운동을 반복하고 있다. 낮과 밤, 남과 여, 높은 곳과 낮은 곳, 사랑과 증오, 만남과 이별 등등 이것을 음양의 상대성 법칙이라 한다. 이들은 둘이면서도 하나이다. 낮과 밤이 상대적으로 존재하고 있지만 '하루'의 사이클을 이루고 있으며, 만남과 이별이 반복되면서 '인생'의 리듬을 이루고 있는 것이다.

'나'라는 것은 '너'라는 상대적 대상이 있음으로써 존재하며, '너'가 없어지면 '나'도 없어지는 것이다. 모든 것은 하나의 기준점分別性이 있음으로 해서 둘로 나뉘어 상대적으로 존재하지만, 기준점은 절대적인 것이 아니라 우리의 고정된 편견에서 구성된 것이다. 이 기준점이 사라질 때 상대성도 사라진다. 그냥 그 자체로 존재하게 된다.

갓 태어난 아이의 눈에는 남과 여의 구별이 없고, 부자와 걸인의 구별도 없다. 그냥 바라보고 있을 뿐인데, 우리는 '재물의 소유 정도'라는 기준점을 정해 놓고 둘로 구분 지어 보게 된다.

모든 것은 상대성의 법칙으로 존재한다. 위가 있음으로 아래가 있고, 성공이 있기에 실패가 있으며, 만남이 있으면 헤어짐이 생기는 것이 대자연의 법칙인 것이다.

사람은 인생이라는 무대 위에서 선과 악의 상대적 마음을 늘 저울질하며 희로애락이라는 연극을 하고 있다. 물론 대본과 연출은 지나온 행위의 결과로서 신의 뜻에 따라 자기 스스로가 선택한 것이다.

인생은 행복과 불행, 성공과 실패의 이중주로 연주되고 있지만, 마음에서 경계선(분별성, 에고)을 없애면 상대성은 허물어져버리고 그냥 존재할 뿐이다. 따라서 경계선이 사라진 자리에는 순응과 감사의 마음이 싹트며, 최선을 다하는 존재만이 있을 뿐이다.

똑같은 일을 당해도 이것을 불행이라고 느끼는 사람이 있는가 하면, 자신을 단련하기 위한 과정으로 생각하는 사람도 있다. 전자의 사람에게는 늘 성공과 실패, 행복과 불행이 교차하지만, 후자의 사람에게는 모든 것을 수용하고 최선을 다하는 평화가 존재하게 된다.

옛 현인들은 이런 상태를 얻기 위하여 늘 자신의 마음을 관조하고, 모든 상황을 자신의 공부로 받아들여 대우주의 진리에 다가가고자 노력했다.

이 세계는 상대성의 법칙에 의해 운행되고 있지만 절대적 자리에서는 모든 것을 포용하고 있다는 것을 알아야 한다. 인과의 법칙도 사랑의 바다에서는 용해돼버리기 때문이다.

음양의 상대성 법칙을 이해하고 인생에 응용한다면 실로 많은 도움이 될 것이다. 높은 곳의 사람은 언제라도 자신이 낮아질 수 있다는 것을 생각해 늘 겸손해야 하며, 부자라면 가난을 거울삼아 베풀어야 한다. 또한 절망에 빠져 있는 사람은 희망이 도래하게 돼 있으니 최선을 다해야 한다는 것을, 수행자는 번뇌의 상태야말로 깨달음을 동반한다는 것을 알아야 한다.

정신과 물질도 상대적으로 존재하지만 근원은 하나이다. 이 세상이 평화스러워야 다른 세상도 평화로운 것이고, 나의 마음이 안정을 얻어야 상대도 안정을 느끼며, 상대의 성공은 바로 자신의 성공이 된다. 둘은 절대적 자리에서 하나로 연결되어 있기 때문이다.

둘째, 음양의 공존성共存性 법칙

음양은 상대적으로 존재하면서 하나의 짝을 이루며 공존하고 있다. 남자가 있음으로 해서 여자가 있고, 안이 있기에 밖이 있으며, 높음이 있기에 낮음이 있다.

음양은 공생공존하며 홀로 존재할 수 없다. 식물이 있음으로 동물이 살 수 있는 것이며, 바다가 있음으로 육지가 비옥해지고, 정신이 있음으로 육신이 움직이는 것이다. 식물만이 지구에 존재한다면 머지않아 식물 스스로 멸종해버릴 것이며, 남자만 이 세상에 존재한다면 곧 지구의 생명체는 사라질 것이다. 그러므로 음양은 상호 상대적이면서도 늘 공생공존하며 조화를 이루고 있다.

음양의 조화가 깨지면 인체엔 병이 오고, 삶에서는 희로애락으로 드러나며, 지구에는 재난이 발생한다. 음양이 조화된 상태가 도道이다. 이 세상은 음양의 부조화 속에서 불완전함을 느끼고, 완전한 조화의 상태인 도를 향하여 진화하고 있는 것이다.

마음이 병들면 육신이 병들고, 육신이 다치면 마음도 고통을 느낀다. 몸과 마음이 공존하기 때문이다. 그러므로 음과 양이 조화를 이룰 수 있도록 노력해야 한다.

극단적인 편견이나 아집은 조화로움을 깨고, 나아가 질병과 고통, 재난을 초래한다. 물질에만 집착하여 탐욕을 부리는 것, 자기 자신의 이익만을 추구하는 것, 외면적인 모습에만 집중하는 것 등 이 모든 것이 음양의 조화를 벗어나는 것이다.

부부의 관계는 1+1=2가 아니라, 1+1=1로써 존재한다. 1+1=2가 심해지면 서로의 주장만 내세우므로 둘이 존재한다. 그러나 1+1=1은 서로 양보하고 자신의 아상我象을 버려 부부는 하나로서 존재하며, 서로의 개성을 존중한다.

원인이 있으면 결과가 있고, 장점이 있으면 단점이 공존한다. 우리는 음양 공존의 법칙에서 조화로움과 일체감을 느껴야 한다.

인간은 하늘을 아버지로, 땅을 어머니로 해서 살고 있다. 모든 것은 서로 공존하고 있으니 환경을 보호하는 것이 우리가 살 길이요, 다른 사람을 사랑하는 것이 곧 우리를 사랑하는 것이 된다. 지구 속의 한 가족인 우리가 서로를 죽이고 미워하는 것은 공존의 법칙에 위배되는 것이다.

우리는 공존의 법칙에서 서로 사랑하고 보살펴야 하는 이유를 알게 되었다. 제한된 사랑이 사라져야 진정 큰사랑이 드러나 음양의 분별성이 지워진다. 큰사랑의 진리 속에서 음양은 서로의 개성을 소유한 채 공존하고, 자신을 역할을 주고받아 수많은 변화를 일으키며, 이 우주는 무한한 여행을 계속할 것이다.

셋째, 음양의 순환성循環性 법칙

음은 양으로, 양은 음으로 항상 순환한다. 출생은 죽음으로 가는 시발점이요, 죽음은 다음 생을 위한 시작점이 된다. 만남은 이별을 예고하는 것이며, 이별은 새로운 만남을 제시하고 있다. 오늘의 가난은 내일의 부를 이룰 수 있는 좋은 경험이 되는 것이며, 오늘의 자만은 내일의 실패를 맛보게 하는 영혼의 학습 과정인 것이다. 이 세상에서 영원한 것은 존재하지 않는다.

이처럼 모든 것은 돌고 돌아 그 형상과 에너지를 끊임없이 바꾸며 순환하고 있다. 이 음양의 순환성 법칙 속에서 옛 성인들은 집착을 버리고 영원한 진리인 깨달음을 얻었던 것이다. 우리가 보고 듣고 느끼는 이 모든 것은 영원한 것이 없고, 시간의 흐름 속에서 무상함을 우리에게 던져준다.

순환은 이 세상에만 존재하는 것이 아니라 이 세상에서 저 세상으로, 저 세상에서 이 세상으로 순환하여 윤회를 거듭하고 있다. 윤회를 벗어나는 것이 음양이 나눠지기 전인 무극으로의 회귀이다. 그리고 음양의 순환성은 우리에게 인과의 법칙을 가르치고 있다. 오늘의 잘못은 내일의 불행으로 다가오고, 오늘의 선함은 내일의 복으로 다가온다. 오늘 내가 상대를 멸시하면 다음 생에서는 내가 멸시를 당할 것이다. 그러므로 인과의 무서움을 알고 겸손함과 사랑을 배워야 한다.

현대 물리학에서도 물질과 에너지를 하나로 보고 있으며, 이 둘은 언제든지 서로의 모습을 바꿀 수 있다고 한다. 우리의 육신도 에너지가 물질화한 것으로서 죽으면 분해되어 다시 오행의 에너지로 돌아간다.

전기가 존재한다는 것을 여러 가지 기계를 통해 느낄 수 있듯이, 우리 영혼의 존재도 육신이 있음으로 가능하다. 이 육신의 도구를 이용하여 영혼은 완전함과의 합일을 위하여 계속 순환(윤회)하고 있는 것이다.

무극과 태극, 음양으로 우주가 창조되고 분열되었지만, 다시 음양, 태극, 무극으로의 회귀를 우리의 영혼은 바라고 있다. 이렇게 우리는 영혼의 긴 여정을 마치고 다시 고향집으로 돌아간다. 종교마다 다른 표현 방식을 쓰고 있지만 결국에는 같은 뜻으로서, 우리가 사람으로 태어난 궁극적인 목적은 이 사실을 깨닫고 다시 돌아가는 것이다.

넷째, 음양의 분열分列과 유전성遺傳性 법칙

음양은 끊임없이 분열한다. 고유 성격을 유지하고 계속 분화하여 다양한 변화를 이 세상에서 연출하고 있다. 삼라만상이 아무리 다양하고 복잡하더라도 돌이키면 결국은 음양의 운동으로 귀결된다. 한 집안의 자손이 아무리 많아도 결국은 부모에게로 귀결된다. 지구의 모든 것이 아무리 다양할지라도 하늘과 땅의 조화로부터 시작된 것에 불과하다.

습관이나 행동도 분열과 유전의 법칙에 의하여 끊임없이 성장한다. 그리고 순환의 법칙에 의해 다시 돌아오게 되는 것이 인과의 법칙이다.

뿌린 대로 거둔다는 말처럼 씨앗을 하나 심으면 나무가 자라 수많은 열매가 열리듯이, 자신의 언행과 생각은 미래의 씨앗이 된다. 언젠가는 그것이 자신에게 돌아와 어떤 상황을 연출하지만 본인 스스로는 그것을 잊어버리고 사는 것뿐이다.

우주는 모든 것을 기록하고 조화와 순환성, 분열성, 상대성 등의 법칙에 의하여 한 치의 착오도 없기 때문에 자신의 행위에 따른 결과가 따라오게 된다. 발현되는 시기는 가까울 수도 있고 아주 먼 미래나 다음 생일 수도 있다. 에너지의 강도와 인연의 때에 따라 달라지는데 우리의 짧은 수명으로는 이것을 체험하지 못한다. 전혀 생각하지 못했던 뜻밖의 사건들은 어쩌면 전생에 씨앗을 뿌린 결과가 나타난 것인지도 모른다. 그러므로 남을 원망하고 상황을 탓할 것이 아니라 그 상황을 잘 관찰하고 거기에서 느껴지는 메시지를 잘 감지해야 한다.

카르마(업)의 법칙은 분열의 법칙에 의해 발현되므로 작은 선행이 큰 복이 되어 돌아오기도 하고, 작은 죄악이 큰 불행이 되어 나타나기도 한다. 따라서 항상 자신의 신구의身口意를 깨끗이 하는 것이 음양 분열성의 교훈인 것이다.

질병인자疾病因子도 부모로부터 유전되며, 습관이나 강한 성정도 영혼에 각인돼 다음 생에 영향을 미치게 된다. 지금 좋지 않은 습관이나 나쁜 성정들은 다음 생에 발현되어 질병과 재난 등을 일으키므로 이번 생에서 그런 점들을 개선해야 한다. 그리고 개인의 잘못은 분열되어 전체로 악영향을 끼치고, 한 사람의 선행은 모든 사람을 감동시킬 수 있기 때문에 개인이 곧 전체가 될 수 있음을 명심해야 한다.

이 세상은 부분과 부분으로써 전체를 이루고 있고, 전체는 부분으로써 존재한다. 그러므로 '나'는 곧 '우리'이며, '우리'는 곧 '나'인 것이다.

식물과 사람의
음양 조화

지금 우리가 살고 있는 이 세계는 음양의 상대성 법칙이 존재하는 곳이다. 자연은 음양의 법칙에 의하여 완벽한 조화를 이루며 순환하고 있다. 천지天地의 교합交合으로 만물이 번성하는 것과 남자와 여자가 만나 하나의 마음으로 융화되는 것, 더우면 시원한 냉수를 찾는 등 이 모든 것이 음양의 이치이며 조화를 이루려는 자연의 본능이다.

음양의 치우침이 있을 때는 모순과 불만, 허전함이 느껴지고, 다시 합일을 통해 완전함을 회복하려고 노력한다. 이것이 조화로움을 추구하는 마음이며, 발전과 진화의 원동력이자 사랑과 완벽한 건강을 추구하는 마음이다. 따라서 음이 양을 찾고, 양이 음을 추구하는 것은 자연의 섭리이다. 음양이 조화를 이루었을 때 안정감과 평화가 찾아오기 때문이다.

슬퍼하는 음陰적 마음에 위로하는 양陽적 마음은 평화를 주고, 차가운 기운의 음적 감기에는 따뜻한 양적 생강차가 몸의 안정을 찾아준다. 또한 음양의 합일과 조화는 행복과 건강을 선사한다. 이 음양의 이치를 실생활의 여러 방면에 활용할 수 있다면 많은 이로움이 있을 것이다.

지구는 동적動的인 동물과 정적靜的인 식물이 음양의 조화를 이루며 공존하고 있다. 인간은 자연의 양陽이요, 식물은 자연의 음陰으로서 산소와 이산화탄소를 서로 교환하고 있다. 이것만 보더라도 인간은 식물이 있어야 생존이 가능하며, 음양이 조화를 이룰 때 그 속에서 자연의 평화스러움을 느낄 수 있다.

동물은 움직일 수가 있으므로 자신에게 맞는 음양의 조건을 찾아 선택하지만, 움직일 수 없는 식물은 자연의 환경에 순응하며 살아간다. 따라서 식물은 기질적 특성에 의하여 색, 맛, 형태를 달리하게 된다. 각 환경에 맞는 최적의 생명 상태를 유지하기 위해 잎의 모양과 자라는 방향, 수분 함유량, 껍질, 색깔 등으로 에너지를 조절한다.

식물의 이런 외적 특성을 잘 헤아려 유추하면 내적인 에너지와 정보를 알 수 있다. 식물의 특성을 보면 크게 음과 양의 두 가지 기운으로 나눌 수가 있다.

식물의 음陰적 특성

껍질이 얇고 봄, 여름에 잘 자란다. 키가 크고 빨리 성장하며 양지바르고 선소한 보양을 좋아한다. 땅 위의 엽채류는 잎이 크고 넓으며, 스스로 물을 많이 갖고 있어서 모양이 크게 된다. 그리고 땅 밑의 물을 줄기를 통해 빨아올려 잎의 모공을 통하여 대기 중으로 분사하므로 서늘한 성질을 갖게 된다. 또한 겉 빛깔이 진한 색으로 하늘을 향해 수직 상승한다. 하늘을 향해 수직 성장하는 것은 스스로 서늘한 기운을 갖고 있어서 태양을 향해 자라기 때문이다. 그래서 열대지역에서 자라는 식물 중에서 음적 특성을 가진 식물이 많다.

이러한 음적 특성을 가진 식물은 요리를 하면 빨리 익고 물러진다. 열을 가하면 분자 운동이 활성화돼 쉽게 부드러워지는 것이다. 이런 식물은 햇빛에 말리거나 열을 가하여 수분을 증발시키는 조리법을 사용하면 성분을 중화시킬 수가 있다.

열성熱性인 사람은 이 음적 성질의 식물을 섭취함으로써 체질의 조화를 꾀할 수 있다. 음적 식물은 대체로 부드럽고 정적인 에너지를 우리에게 선사하여 심신을 차분하게 해준다.

식물의 양陽적 특성

주로 서늘한 지역과 기후에서 성장이 잘 되며, 저장된 적은 수분을 보호하기 위해 껍질을 두껍게 포장한다. 따라서 키가 작고 늦게 성장하는 특성이 있다. 또한 따뜻한 성질을 갖고 있으므로 잎은 작고, 면적을 좁게 해 빛을 많이 흡수하지 않는다. 수분이 많은 곳에서 잘 크며 땅 밑으로 하강하는 성질이 있다. 근채류가 여기에 해당된다. 잎을 통해 흡수된 태양 빛이 아래로 내려가 뿌리는 어두운 흙 속에서 광명을 얻게 된다.

식물 자체는 수분을 적게 소유하고 겉 색깔이 밝고 희다. 가을이나 겨울에 성장하는 식물 중에 이런 양적 특성을 지닌 것이 많다.

양적 특성의 식물은 요리를 하면 느리게 익고 단단하다. 재료 자체가 수분을 적게 함유하고 껍질이 두껍기 때문에 열을 가하면 느리게 익고, 수분이 증발되면 쉽게 단단해지는 것이다. 또한 서늘한 곳에 저장해야 오래간다. 양적 식물은 사람에게 태양의 밝음과 활성적인 에너지를 많이 선사하여 활기찬 생활을 할 수 있게 용기와 열정을 준다.

위에서 열거한 내용은 대략적인 분류이며 세부적으로 파악하려면 보다 폭 넓은 음양관陰陽觀을 가져야 한다. 예를 들어 무는 뿌리 식물이기 때문에 양적인 성질을 소유하지만, 당근이나 인삼보다는 수분이 많으므로 양 중中의 음이 된다.

식물은 삼위일체적 성질을 소유하고 있다. 과학적으로 분석할 수 있는 영양과 한의학에서 중시하는 한寒과 열熱의 에너지 그리고 눈에 보이지 않는 자연의 메시지가 깃들어 있는 것이다.

식물을 섭취하면 영양과 에너지는 인체를 유익하게 하고, 내면에 깃든 자연의 메시지는 정신을 유익하게 한다. 식물의 영양과 에너지적 특성에 대한 연구는 많지만, 식물의 내면에 담긴 우주적 정신에 대한 연구는 너무 소홀히 하지 않나 하는 생각이 든다.

사람의 음양

지구를 하나의 생명체로 볼 때, 사람의 활동은 곧 세포의 이동이고 에너지의 이동이라고도 볼 수 있다. 사람은 자연계의 양성(+)으로서 자유로운 활동을 하면서 스스로 부족한 부분에 대해 능동적으로 대처해나가고 있다.

환경의 변화, 다양한 먹거리의 섭취, 성정의 다양성으로 인하여 사람은 각기 다른 자기만의 체질을 형성하게 된다. 사상체질, 팔상체질, 64체질, 혈액형 분류법 등 수많은 방법이 있지만 모든 것이 음양에서 파생된 분류 방법이다. 그러나 어느 것이든지 결국 돌이키면 음과 양의 두 체질로 귀결된다. 이 두 가지의 특성을 잘 파악하여 섭생과 생활 전반에 응용하면 많은 이로움이 있다.

체질의 시작은 정신에서 시작된다고 볼 수 있다. 한 생각이 행위를 일으키고 습관을 형성하며 환경을 선택한다. 이것이 굳어지면 체질이라는 몸과 마음의 특성으로 드러나게 된다. 어떤 사람은 조용하고 사색적이며 담백한 음식을 좋아한다. 또 다른 사람은 활발하고 활동적이며 자극적인 음식을 좋아한다. 그런가 하면 누구는 시원한 장소를 좋아하고 고혈압이 잘 생기는 반면, 또 다른 사람은 따뜻한 곳을 좋아하고 저혈압이 되기도 한다. 이것은 모두 몸과 마음의 체질 차이에서 나타는 반응이다.

인체는 몸과 마음이 상호 반응을 하며 음식과 성정, 환경에 의하여 끊임없이 변하고 있다. 체질론을 교육, 적성, 건강, 영업 등에 다양하게 응용할 수 있으며, 보다 효율적인 결과를 창출할 수 있다.

이 세상이 이처럼 음양으로 나눠진 것은 만물에게 다시 근본으로 회귀하려는 열망을 품게 하기 위한 하늘의 배려이다. 근원으로 합일하려는 그 갈증이야말로 우리를 진리의 샘으로 인도하는 안내자인 것이다. 몸과 마음이 치우친 상태를 벗어나 하나의 자리로 귀결되었을 때를 '음양화평지인陰陽和平之人'이라고 부른다.

체질을 파악하는 방법은 음식측정법이라든지 오링 테스트, 맥진법, 운기체질론, 사상체질, 팔상체질 등 무수히 많지만, 나는 개인적으로 생일의 운기運氣를 바탕으로 한 심성心性의 체질로 나눠보고 있다. 왜냐하면 모든 행위와 선택은 사람의 정신 상태로부터 나오기 때문이다. 똑같은 상황이라도 사람의 정신 상태에 따라 다르게 해석되고, 결국 행위의 차이를 가져오게 되는 것이다.

체질별 어드바이스

음인(陰人)

- 양성의 먹거리를 섭취하면 몸이 따뜻해진다(뿌리 음식, 현미, 찹쌀, 향기가 짙은 음식 등).

- 동적인 운동으로써 마음에 활기를 주면 외향적 성격으로 변한다(등산, 달리기, 태권도, 검도 등).

- 따뜻하고 유쾌한 마음을 가질 수 있도록 노력한다(봉사활동, 유머, 대인관계 등).

- 몸을 따뜻하게 하는 환경을 조성한다(의복, 잠자리를 포함한 주거문화 등).

- 인스턴트식품, 정제된 가공식품은 몸을 냉하게 하므로 섭취를 줄인다(흰 밀가루 음식, 빵, 흰설탕, 캔 제품 등).

- 과식, 소심한 성격, 공포심, 감정 억눌림 등이 냉증을 유발하므로 건전한 생활과 소식을 실천한다.

양인(陽人)

- 음성의 먹거리를 섭취한다(엽채류, 과일, 양질의 생수 등).

- 정적인 운동으로써 마음에 침착성을 배양한다(태극권, 요가, 걷기 등).

- 성정이 차분하고 부드러워질 수 있도록 노력한다(독서, 명상 등).

- 자극적 음식, 육식, 인스턴트식품, 정제된 가공식품은 기혈의 흐름을 막히게 하므로 자연식으로 식습관을 바꾼다.

- 급한 성격, 번뇌, 지나친 자만은 인체의 수분을 고갈시키고 골수를 마르게 하므로 마음을 여유롭게 가진다.
- 명상, 참선, 묵상으로 근본적 체질을 음양 조화로 이끈다.

그런데 마음이 화평하고 음양을 초월한 사람은 굳이 식물을 음양으로 나눠 섭취할 필요가 없다. 본래 음양이라는 것은 모든 것을 포용하고 있는 태극 통일장에서 분열된 것이므로 마음이 화평하고 건강하다면 인체는 저절로 모든 것을 조절하고 수용하기 때문이다. 유전적으로 체질 한쪽으로 많이 치우쳤거나 환자인 경우에는 음양의 조절법이 도움이 되지만, 음양체질론을 떠나서 공통적으로 자연친화적인 먹거리를 섭취하고, 나쁜 음식의 섭취를 줄이는 것이 중요하다.

CHAPTER 4

채식은 지구 문제의
해결 대안

"나는 생명이 인간에게 중요한 것만큼 다른

생명체들에게도 중요하다고 믿기에 채식주의자가 되었다.

채식주의를 충실히 지키면 다른 살아 있는 생물들에게

최소한의 피해를 끼치는 것이 된다."

- 스콧 니어링

채식은 나를
사랑하는 적극적인 표현

일찍이 마하트마 간디는 '한 나라의 위대성과 윤리적인 진보는 그 나라에서 동물들을 어떻게 대하는지를 보면 알 수 있다.'라고 했다. 그리고 레오톨스토이는 '육식은 내 안에 살아 움직이는 어떤 것이 다른 생명체에도 있다는 연민의 마음을 무참히 짓밟아버리고, 자신의 감정을 더럽히면서 점점 더 잔혹해지는 것은 정말로 끔찍한 일이다.'라고 말하기도 했다.

이뿐만이 아니다. 뉴튼은 '동물이 감각을 느낄 수 있다고 믿으면서도 고통을 가하는 것은 잔인한 모순 행위다.'라고 말했고, 헬렌 니어링은 '동물은 우리 형제이며 우리 곁에서 성장하는 지구상의 다른 종족으로, 동물은 열등하지 않으며 형태가 다른 자아이다.'라고 말하기도 했다.

채식은 우주 질서에 순응하는 법칙이며, 영성을 회복하는 이 시대의 식사법이다. 단순히 고기를 안 먹는 것이 아니라 자신의 세포를 진정 사랑하는 최선의 방법이다. 채식을 함으로써 우주적 정신을 회복하고, 우리의 뜻이 바로 서게 하여 인체 역시 바로 서게 된다. 중력을 거스르고 태양을 향해 자라나는 식물의 힘과 정신이 우리의 몸과 마음을 곧게 세우고, 이상향의 세계로 인도하는 것이다.

태양을 향하는 식물이 아닌 태양을 등진 육류의 과도한 섭취는 우리의 영적 진화를 방해한다. 또한 인체 에너지를 동물의 성정으로 오염시키며, 세포를 동물의 피로 물들이게 된다. 결국 하늘의 빛을 차단하고, 스스로 창조한 어둠 속에서 질병과 두려움, 불안감, 고독감을 키우며 고뇌하며 살다가 떠나간다.

이런 고독감과 상실감은 우리 스스로 만든 것이기에 결국은 우리가 깨어나야 한다. 커튼을 걷고 창문을 열어 태양을 비추게 하고, 맑은 공기가 폐포肺胞 속으로 맥동 치게 해야 한다. 우리는 진정 살아 있음에 전율하고, 싱그러운 초원 위에서 자유를 누릴 수 있어야 한다.

채식은 나를 사랑하는 적극적인 표현이며, 우주적 사랑의 확장이다. 나의 세포를 위하여, 친구인 동물들을 위하여 채식은 최고의 선택이다. 나의 건강과 행복은 가족의 활력이 되고, 사회와 지구의 에너지를 활기차게 해준다.

지금 지구촌에는 많은 문제점이 대두되고 있다. 문명의 발전과 더불어 대기와 수질, 토질 오염이 증가하고 있고, 육식과 정제식품의 과다 섭취로 인한 각종 성인병의 증가, 정신의 피폐함이 가중되고 있지만, 뚜렷한 대안이 없는 것이 안타까운 우리의 현실이다. 채식이야말로 이런 문제점을 근원적으로 해결할 수 있는 대안이다.

세계적인 문제로 대두되고 있는 기후 위기, 기아와 환경 문제, 동물 보호 차원에서도 이에 대한 해답으로 채식이 제시되고 있는데, 실제로 여러 연구 단체의 실험 결과와 데이터가 그 신빙성을 증명하고 있다.

채식은 태아를
건강하게 한다

이번 장에 태교를 넣은 이유는 사람의 첫 습관이 중요하며, 교육은 마땅히 태아로부터 시작해야 되기 때문이다.

조선 정조 때 사주당師朱堂 이씨李氏가 지은 〈태교신기胎教新記〉에서 말하기를 '스승의 10년 가르침이 어미가 잉태하여 열 달 기르는 것만 같지 못하고, 어미가 열 달 기르는 것이 부모의 정신만 같지 못하다.'라고 했다. 즉 부모의 근원적 성품이 중요하고, 열 달 태교의 중요성을 강조하였다. 태아가 280일 동안 자궁에서 머무는 동안 그곳의 환경이 어떠하냐에 따라 아이의 성정과 체질이 결정되며, 그 결과 한 인간의 삶이 결정되는 것이기 때문이다.

부모와 태내 환경의 정보가 열 달 동안 어우러지면서 하나의 설계도가 완성되는 것이요, 그 설계도에 의해 건축되는 것이 우리의 삶이다.

현대 여성들에게는 유산과 기형아 출산, 임신 중 그리고 출산 후 질환 등 많은 후유증이 생겨나고 있는데 왜 그럴까.

바다에서 유조선이 침몰하면 물고기들은 떼죽음을 당한다. 바닷속 각종 무기 실험의 파열음으로 인해 죽기도 하는데, 모두 물고기의 서식 환경이 깨지고 나빠졌기 때문이다. 이와 마찬가지로 각종 식품 첨가물이 들어간 화학적 음식물은 인체의 혈액뿐만 아니라 아이의 안식처인 양수와 탯줄을 오염시킨다. 부정적 소리나 부모의 스트레스는 나쁜 파동이 되어 아이에게로 전달되며, 태내에 부정적 환경을 조성하게 된다.

부모가 심하게 싸웠을 때, 엄마의 몸속에서는 독소가 분비되고 심장의 박동 수는 증가한다. 이렇게 되면 자연히 간이나 신장에 무리가 오게 되고 태아에게 영향을 끼쳐, 태어났을 때 시력이나 청력, 성격 등이 나빠질 수 있는 원인을 제공하게 된다.

아이가 생기고 태어나는 과정은 우주의 창조와도 같은 거룩한 신의 역사이다. 무無에서 유有로 하나의 세포에서 분열이 일어나 형체와 정신을 이루는 인간 진화 과정을 보여주는 것이다.

태아는 무無에서 반투명의 중간 과정을 거쳐 유有의 세계로 드러나는 형상을 띠게 된다. 그리고 양수에서 유영하며 호흡하다가 태어나면서 폐로 호흡을 하게 된다. 이것이 생명체가 불 에너지에서 생겨남을 보여주는 증거이다.

어두운 엄마 배 속에서 우주의 음악을 들으며, 태초의 빛에 의해 아이는 성장한다. 이때 우주의 이치에 맞게 순응하여 바른 심신의 자세를 갖는 것을 태교라고 부른다.

채식은 자녀를 위한 위대한 유산

첫째, 부모의 임신 전 정신 자세가 중요하다.

옛날에는 임신하기 전 부부가 각 방을 쓰면서 백일기도를 하고, 속된 언행과 오락, 술을 삼갔다. 이는 정신을 통일하고, 영혼을 맑게 하기 위한 준비작업이었다. 유유상종이라 했으며 동기감응이라 했다. 부모의 영혼이 맑고 고결할 때, 이 에너지에 감응하는 영혼이 끌려오는 것은 순리이다.

아이가 들어서기 전, 내면의 방 안(마음)을 깨끗이 치우고 외적인 이부자리(몸)를 청정하게 준비하는 부모의 정성에서부터 태교는 시작된다.

둘째, 아이가 들어서면 무모의 본격적인 태교는 시작되는데, 아이의 체질과 성정은 태내에서 많은 영향을 받게 된다.

이것을 결정짓는 변수는 음식과 부모의 마음 상태, 주위 환경이다. 엄마가 어떠한 환경에서 어떤 마음을 갖고 어떤 음식을 섭취했느냐에 따라 아이의 체질과 성정이 결정되고, 한 아이의 운명에 지대한 영향을 끼치게 되는 것이다.

과다한 차가운 성질의 음식 섭취는 체질을 음성으로 유도하며, 육식, 가공식품, 정제식품 등 오염된 음식의 섭취는 아이의 세포를 병들게 하는 원인을 제공한다. 또한 현대 여성들은 잦은 스트레스와 번민으로 인해 에너지가 머리로 몰려 있는 경우가 많은데, 이는 복부의 에너지 저하를 가져오며 자궁의 착상을 어렵게 하는 원인을 제공한다.

엄마의 마음은 그대로 아이에게 투영되어 전달된다. 옛날에는 임신 중에는 함부로 외출을 안 하며 언행을 조심하였는데, 어찌 보면 현대 여성들이 생각하기에는 고리타분한 것일지도 모른다. 하지만 조상들의 지혜는 과학과 통한다. 나쁜 것을 보거나 들으면 나쁜 정보는 그대로 배 속의 아이에게 파동으로 전달되며, 큰 충격이나 놀람, 공포는 아이의 인체 형성과 성격에도 많은 영향을 끼쳐 기형아의 원인이 되기도 한다.

우리가 흔히 큰 충격을 받고 난 뒤 사람이 변했을 때 '머리가 조금 이상해졌나봐.'라는 말을 하고, 또는 큰 공포심을 경험했을 때 '심장이 오그라들고 간이 콩알만해졌다'라고 표현한다. 엄마가 만약 이런 상태라면 자궁 속에 있는 아이에게 과연 올바르게 영양과 산소가 제대로 공급될 수 있을까. 부모의 정신 상태나 장부臟腑가 정상일 수가 없으므로 아이가 태어나도 심장이나 간 이상, 머리가 정상을 벗어나게 된다.

사실 과학이란 새로운 것이 아니고 단지 조상들의 지혜를 밝혀내고 따라가기에 바쁜 것일 뿐이다.

환경도 태교에 많은 영향을 준다. 시끄러운 곳, 역겨운 도살장, 화장터 등 이런 곳이 집 가까이 있거나 외출하는 길가에 있다면 어떠하겠는가. 또 남을 미워하면 그 사람을 많이 생각하게 돼 결국은 닮게 된다. 이는 생각하는 곳으로 에너지가 흐르고, 형상으로 드러나기 때문이다. 따라서 부모가 성인의 품성과 형상을 염원할 때, 아이 역시 그런 모습과 성정을 갖추어 가는 것이다.

셋째, 엄마는 스스로 진선미 교육을 함으로써 훌륭한 아이를 낳을 수 있다.

진眞은 성인의 말씀을 경청하거나 좋은 책을 읽고 그분을 염念하는 것이다. 선善은 윤리적이고 도덕적인 정신 자세를 갖고 마음의 평화로움을 유지하는 것이다. 그리고 미美는 감성과 언행을 아름답게 표현하는 것이다. 이렇게 삼위일체적 교육이 이루어질 때 좌우 뇌가 골고루 발달하고, 다재다능하며 훌륭한 인품을 소유한 자녀가 태어나는 것이다.

청출어람靑出於藍이라는 말이 있듯이, 훌륭하게 장성하여 타인의 모범이 되고 존경받는 사람이 될 때 부모로서 이보다 더 큰 보람이 어디 있겠는가. 자식 농사가 최고라 했듯이 엄마의 280일은 자식의 미래를 위한 사랑과 정성으로 채워져야 하며, 이것 자체가 하나의 고결한 수행이자 과정인 것이나.

넷째, 가급적이면 자연분만을 유도하고 모유를 먹여야 한다.

한국인과 서양인은 환경과 음식 섭취의 차이로 인해 체질이 다르게 결정된다. 서양 여자들은 아기를 낳은 후에도 찬물로 씻고 얇은 옷을 입은 채 그냥 돌아다니며 침대에서 산후조리를 한다. 이에 비해 한국 여자들은 따뜻한 물로 씻고, 바람을 막기 위해 솜이불을 덮은 채 온돌방에서 산후조리를 하며, 삼칠일(21일) 동안은 목욕도 자제한다.

출산할 때 인체의 뼈, 근육, 모공은 모두 열리고 이완하게 된다. 이때 바람이 들어가면 산후풍이라 하여 평생을 두고 뼈가 시리고 한기가 들어 고생을 하게 되는 것이다. 물론 서양의 방식도 훌륭한 것이겠지만 각각의 풍토와 체질의 차이에서 기인한 것이기 때문에 자신의 본분을 잊어버리면 자신은 물론 아이의 건강도 잃게 된다는 것을 유념해야 한다.

태아는 자궁의 어둠 속에서 평화를 누리며 살다가 엄마의 좁은 질을 통과해 태어난다. 좁은 길을 잘 통과하기 위해 이때부터 아이의 자유의지가 발동하고 인내와 끈기가 배양되며, 출산의 자극으로 뇌와 신체 각 부위가 자극을 받게 된다.

세상에 태어나게 되면 가장 먼저 자궁과 비슷한 어두운 환경을 만들어주고 조용하게 해주어야 아이가 놀라지 않게 된다. 하지만 태어나자마자 엄마와 떨어져 밝은 조명의 인큐베이터에 있게 되니, 아이는 황량한 벌판에 혼자 외로이 있는 신세나 다를 바가 없다. 늘 들리던 엄마의 심장 박동도, 물 흘러가던 소리도, 부드러운 양수의 품도 없어 아이의 고독과 이기심은 여기서부터 시작된다. 서양인들의 개인주의 역시 이렇게 태어날 때부터 시작되는 것이다.

아이가 태어나자마자 병원에서는 우유가 든 젖병을 물리는데, 이것이 후일 아토피와 각종 피부병, 위장질환을 야기하는 원인이 된다. 원래 아기를 낳고 나면 2~3일 정도 젖이 안 나오는 것이 자연의 섭리이다. 모든 동물이 다 그러하다. 그런데 태어나자마자 바로 우유병을 물리게 되니, 아기의 위장은 거부 반응을 일으켜 토하거나 설사를 하게 되며, 심하면 장 속에서 우유가 부패해 아토피를 일으키게 된다.

식물의 씨앗처럼 아기도 인체에 영양을 비축한 채로 태어나서 서서히 외부 세상에 적응해나간다. 그럼에도 불구하고 태어나자마자 우유병부터 물리는 것이 큰 문제이다.

초유에는 천연의 각종 효소와 영양소가 들어 있어 백신 접종과 같은 역할을 한다. 이것이 아기의 체내 면역력을 강화하고, 장차 세상을 살아가면서 부딪칠 외부의 탁한 기운을 이겨나가게 되는 근원적 힘으로 작용한다. 모유 중에 항균성 물질이 얼마나 많은지는 새삼 설명할 필요도 없다.

아기는 엄마의 젖이 나오기를 기다렸다가 이윽고 힘차게 빨며, 이로 인해 임산부의 늘어진 모공과 근육이 수축된다. 아기의 젖을 먹는 동작을 통해 뇌와 침샘, 위 등이 자극받아 외부의 음식을 받아들일 준비를 하게 되는 것이다. 이때 엄마는 노폐물을 배출하고 피를 맑게 하기 위하여 미역국을 믹으며 원기를 회복하기 위해 노력해야 한다. 아기가 건강하기 위해서는 무엇보다도 엄마가 건강해야 하기 때문이다.

태교는 국가 발전의 토대

인류의 발전을 위해 지대한 공헌을 한 사람과 역사에 오점을 남긴 사람 모두 엄마의 자궁으로부터 태어났다. 한 사람의 힘이 세상을 위해 엄청난 일을 할 수 있는 것이므로 태교와 교육은 무엇보다 중요한 나라의 보고이자 자산인 것이다.

모든 발명이나 위대한 업적은 사람의 정신에서 나온다. 보이지 않는 이 정신이야말로 물질 번영과 행복의 원천인 것이다.

태교는 올바른 교육으로써 지속된다. 교육의 힘은 지대하다. 못생긴 아이도 예쁘다 예쁘다 하면 예쁘게 변해 간다. 어릴 때 각인된 정보는 깊은 의식 속에 자리 잡고 가치관, 인생관을 결정짓게 된다.

소리(주파수)는 만물의 형태를 만들어간다. 긍정적이고 성장을 촉진하는 말, 올바른 환경과 교육은 잘못된 유전자 정보도 긍정적으로 이끌어준다. 그러므로 우리는 교육에 의하여 잘못을 개선할 수 있고, 발전적인 방향으로 진화할 수 있는 자유의지가 있기에 만물의 영장이 되는 것이다.

부모의 모범적인 솔선수범의 언행으로 자녀가 감동하고 따라오는 것이지 강요와 억지로 되는 것이 아니다. 부모와 자녀 모두 동등한 생명체이며 친구이다. 부모는 하늘로서 대지를 살찌우는 은혜로움과 같이 자녀를 올바르게 보호하고 인도하는 것이 도리이며, 자식은 천지의 은혜에 감사하고 닮고자 노력하는 것이 도리이다. 교육은 부모의 올바른 정신과 실천적 모범으로써 시작된다.

요즘 아이들은 건강식을 싫어하고 인스턴트식품을 좋아하며, 공동보다는 개인주의를 선호한다. 이는 어릴 때 습관이 잘못 형성되었기 때문이며, 그 책임은 교육의 본분을 다하지 못한 부모에게 있는 것이다.

그런데 자식을 때리고 누구를 닮아 그러냐고 배우자에게 책임을 전가한다. 그 중간에서 아이는 진짜 주워온 자식처럼 외로운 존재가 된다. 서로 자기의 잘못이 아니라고 하니까!

아이의 올바른 교육을 위해서라도 위 태교의 4가지 법칙은 성장기에도 지속되어야 한다. 부모의 정성과 에너지가 살아 있는 싱그러운 먹거리를 제공하고, 긍정적 가치관을 가질 수 있도록 교육해야 한다. 또한 좋은 환경을 조성하여 듣고 느끼는 모든 것이 좋은 정보가 될 수 있도록 배려해야 한다. 아울러 부모가 화합하고 모범적 언행을 보여줌으로써 자연스럽게 교육해야 한다.

대부분의 문제아는 가정의 불화에서 기인한다. 이처럼 가정의 문제는 자녀의 성장에 지대한 영향을 끼치게 된다.

입덧은 자연치유력의 표현

입덧은 자연치유력의 표현이며 몸의 면역력이 발동시키는 인체의 방어 시스템이다. 임신이 되면 태내 환경을 좋게 유지하기 위하여 외부의 자극에 인체는 민감하게 반응한다. 나쁜 음식, 나쁜 환경 에너지, 부정적 마음을 밖으로 배출하려는 자연 현상이다.

그러나 입덧이 심해지면 음식의 섭취가 어렵고 태아의 영양에도 문제가 있으므로 정결하고 신선한 곡채식과 과일로 보충하는 것이 좋다. 또한 평화로운 음악과 양질의 독서는 마음을 고요하게 해줌으로써 입덧을 가라앉히게 한다. 그래도 심할 때는 음식의 질과 양, 주위 환경, 자신의 기분 상태 등 스스로 원인을 꼭 찾아야 한다. 자연치유력을 키워주는 운동을 하는 것도 좋다.

선천적으로 몸이 약하거나 성격이 나약한 여성, 중매 결혼한 여성, 시부모와 같이 사는 여성의 입덧 확률이 높다고 하는데, 곡채식을 하면서 소식을 하고 즐거운 마음으로 적절한 휴식을 취하면 많은 도움이 된다. 신경을 과도하게 쓰거나 심한 스트레스를 받으면 기가 위로 상승하여 하단전이 약해진다. 그 결과 입덧이 더욱 심해질 수 있으므로 마음의 안정을 취할 수 있도록 주변 사람들도 협조해야 한다.

임신 중 금기음식

동기 감응의 법칙, 파동의 법칙, 물의 기억 원리를 잘 헤아리면 옛날에 선조들이 금하였던 음식의 원리를 이해할 수 있다.

예를 들면 임신 5~6개월째는 태아의 손가락이 생기는 시기이므로 이때는 손가락이 붙어 있는 오리 고기는 피했다. 임신 5~7개월째는 골격이 형성되는 시기이므로 뼈가 없는 오징어나 문어, 낙지를 피했다. 이는 그만큼 태아를 위해 음식을 조심해야 한다는 뜻이다. 특히 보기에 이상한 형태를 취한 것이나 혐오스런 동물 음식은 기억에 오래 남으므로 임신부에게 보여서는 안 된다.

계피나 생강, 마늘 등도 많이 먹지 못하게 했는데 이는 모두 발산지제

發散之劑이기 때문이다. 임신은 응축과 수렴의 에너지가 필요하다는 것을 잊지 말아야 한다. 그리고 계절 식품이 아니거나 제 고장의 음식이 아닌 것을 멀리 했으며, 너무 차고 변색되고 악취가 나는 음식은 먹지 않았다.

음식의 온도는 양수의 상태에 영향을 미치며, 음식의 에너지 상태는 아이의 성정과 체질에 영향을 준다. 너무 찬 음식, 추운 날씨, 차가운 마음은 아이를 냉정하고 이기적이며 차가운 체질로 만들 확률이 높다.

이 모든 것이 동기 감응과 파동의 원리에서 비롯된 것이다. 같은 것은 같은 것끼리 끌어당기고, 생각이 형태를 만들어가며 보고 들은 것이 마음의 현상을 만들어낸다. 이것이 바로 일체유심조一體唯心造이다. 임신부의 밝고 긍정적이며 평화스러운 환경으로 배 속의 아기도 똑같이 닮아 가는 것이다.

채식은 종(種)을 초월한 위대한 사랑의 실천

모든 동물은 태어날 때 생명의 존엄성을 부여받지만, 타의에 의해 죽임을 당할 때 그들은 극도의 공포와 원한을 느끼며 죽어 간다. 그때의 공포와 원한은 에너지의 형태로 고기에 존재하게 되며, 이것을 먹게 되면 우리의 의식과 신체 또한 어두운 에너지로 변한다.

우리가 친구로써 동물을 대하고 사랑할 때면 가슴이 따뜻해짐을 느끼지만, 먹기 위해 그 동물을 잡는 순간 우리의 마음에는 폭력성이 생기고 탐욕적이 되며 눈과 손은 무서운 살기로 꿈틀거린다. 만약 동물의 생육과 도살 과정을 모두 체험해본다면 함부로 육식을 할 사람은 없을 것이다.

맹자는 〈곡속장穀觫章〉에서 이르기를 '어진 사람은 짐승이 살아서 힘차게 움직이는 것을 보면, 차마 그 죽는 것을 보지 못한다. 그들의 죽어 가는 소리를 듣게 되면 차마 그 고기를 먹을 수 없는 것이 어진 사람의 마음이다. 그러므로 어진 사람은 도살장과 푸줏간을 멀리 둔다.'라고 했다.

그렇다. 동물의 도살 과정은 너무나 비윤리적이고 끔찍하다. 죽어 가는 동물의 비명 소리와 처참한 모습을 본다면 어느 누구라도 마음의 고통을 느끼지 못할 사람이 없을 것이다.

동물들의 생육 환경만 봐도, 비좁은 공간의 사육 시설 안에서 여러 마리의 소, 돼지, 닭 들이 함께 사육되다 보니, 스트레스로 인해 자기들끼리 싸우고 상처를 입힌다. 그것을 방지하기 위해 닭의 부리를 절단하고, 소를 묶어 고정시키며, 때로는 약을 주사한다. 또 단시일 내에 성장시키기 위해 성장촉진제를 투여하고, 방부제가 섞인 사료를 먹이며, 각종 질병을 막기 위해 항생제를 투약한다. 그리고 처참하게 도륙돼 인간의 밥상 위로 올라가는 것이다.

사람도 오랫동안 차 안에 있으면 밖으로 나가 운동을 하고 싶고, 어딘가 가려우면 긁어야 하는 법이다. 그런데 동물은 손발이 묶이고 제대로 움직일 공간이 없어 뇌와 의식, 몸통 전체가 과도한 스트레스를 받아 정신병을 유발할 만큼 미칠 지경이 된다. 그래서 이런 고기를 먹은 사람의 의식 또한 정상을 벗어날 수밖에 없는 것이다.

사람들이 육식을 탐하다 보니, 자연히 대량 살육 기술이 발달해 사업화와 이익을 추구하면서부터 동물들의 존엄성은 박탈당하기 시작했다. 사람에 의해 싱그러운 풀 대신 농속의 뼈와 살로 된 사료를 먹게 됐고, 그 결과 광우병이라는 질병을 우리에게 선사했다.

동물의 지방과 살코기는 햄과 소시지, 햄버거로 포장되어 우리 식탁으로 올라온다. 이것은 비만과 당뇨, 암, 관절염 등의 각종 성인병이라는 이름으로 우리 인체를 고스란히 재포장하고 있다.

동물은 사람이 갖고 있는 질병을 거의 갖고 있으며, 수명 또한 짧다. 어쩌면 사람의 모든 질병은 동물로부터 전이된 것인지도 모른다. 사실 인체가 필요로 하는 모든 영양은 곡류, 두류, 채소, 과일에 다 들어 있다. 단지 우리의 식탐을 위하여 동물을 강제로 사육하며 도살하고 있는 것이다.

현재 육류 생산업자들은 동물의 다리에 병이 있으면 다리를 자르고, 머리에 병이 있으면 머리를 자른 뒤 판매하고 있다. 이는 부분이 전체를 포함하고 있다는 홀로그램적 우주 법칙으로 보면 유치한 속임수에 불과하다. 질병에 걸린 고기를 섭취하게 되면 우리 자신도 그런 질병에 걸릴 것이다.

사람의 암세포를 동물에게 주사하면 그 동물 역시 암이 생긴다. 사람도 암에 걸린 고기를 섭취하면 동기 감응으로 인하여 질병이 생기게 되는 것은 당연한 일이 아닐까.

전 세계에서 식용으로 사육되는 동물의 수가 무려 4백억 마리나 된다고 한다. 따라서 동물을 도살할 때 병의 유무를 한 마리씩 자세히 검역한다는 것은 불가능한 일이다. 너무나 많은 동물이 도살되고 있기 때문이다.

산비탈에서 싱그러운 풀을 뜯는 소들, 그 소들 사이에서 땅을 파헤치며 씨앗이나 벌레를 잡아먹고 있는 닭들 등 동물들도 이렇게 마음껏 자유를 누릴 권리가 있으며 존중해야 한다. 우리 자녀들의 살아 있는 교육을 위해서도 생명을 존중하는 아름다운 마음이 사람은 물론 모든 동물에게로 확산되어야 한다.

채식이 환경을 살린다

사람들은 가축을 기르고 고기를 먹기 위해 삶의 터전인 환경을 파괴하고 있다. 요즘 기후 위기와 환경 문제에 많은 관심이 고조되고 있지만 근원적 해결 방법은 채식이다. 인간이 환경을 파괴하면서 많은 동식물이 멸종되었고, 그 결과 먹이사슬은 붕괴되고 말았다.

곡물과 채소, 과일류 재배를 위해서 사용되는 에너지의 양은 육류 생산에 소비되는 원자재의 5% 미만이다. 또한 과도한 방목으로 인하여 전 세계 초목지의 60% 이상이 파괴되었고, 36%가 가축 사료로 사용되고 있다. 이 곡물을 가축 사료로 쓰지 않고 기아로 고통받고 있는 여러 나라에 보낼 수 있다면 일시에 기아 문제는 해결될 것이다.

지금도 지구촌에서는 기아와 영양실조로 1분에 23명의 어린이가 죽어 가고 있다. 그런데 우리는 고기를 식탁에 올리기 위해 이를 방관하고 있으니 어찌 만물의 영장이고 문명인이라 할 수 있겠는가.

채식이 자연을 사랑하게 하고 환경을 보전하며 사람을 살린다.

채식의 이로움

수험생의 집중력 향상 도우미

수험생은 건강한 지구력을 바탕으로 맑은 정신과 강한 집중력 속에서 성적이 향상된다. 또한 성장하면서 건전한 대인 관계를 통해 원만한 인격이 형성된다.

그런데 요즘 아이들은 쉽게 짜증내고 지치며, 인내력과 지구력이 부족하고, 자기중심적 사고로 인하여 대인 관계 속에서 여러 문제점이 나타난다. 특히 비만과 성폭력, 가치관의 상실, 부모와의 마찰, 자제할 수 없는 감정 등은 심각한 사회 문제로 대두되고 있다. 과연 그 이유가 무엇일까.

그 원인은 요즘 음식 문화에서 찾아볼 수 있다. 가족 간의 대화나 정보 교환은 대부분 식사와 더불어 이루어지는데, 요즘은 외식 문화와 인스턴트식품, 음식 자판기로 인하여 주방의 식탁은 장식품으로 변해버렸다.

가족의 영양을 챙겨주던 엄마의 가정적인 역할은 이미 사라져버렸고, 대화의 시간마저 없어 지금 아이들은 인간성의 상실과 정신적 황폐화가 도를 넘고 있다. 거기에다 한창 올바른 에너지의 다양한 섭취가 요구되는 아이들에게 고기와 인스턴트식품만을 먹이고 있으니 어떻게 되겠는가.

두뇌는 인체의 사령탑으로서 다양한 기능을 수행하며, 특히 수험생은 고도의 집중력과 인내력, 사고력을 필요로 한다. 그러기 위해서는 두뇌가 필요로 하는 다양한 에너지를 공급해야 하는데, 지금의 인스턴트식품과 육식은 치우친 영양으로 인하여 두뇌를 폭력적이고 감정적이게 만들며, 머리 회전을 둔화시킨다.

육식으로 인한 과도한 지방 섭취와 섬유질 결여의 식사는 머리로 가는 혈관의 손상을 가져오게 된다. 그 결과 산소와 영양이 제대로 공급되지 못하여 집중력과 머리 회전이 떨어지는 것은 당연지사이다.

영양을 골고루 채워주지 못한 탓으로 인해 두뇌는 방전된 로봇처럼 이성이 결여되어 본능적이고 감정적인 면으로만 치우치게 된다. 그 결과 학교 폭력과 성, 왕따 등의 문제가 급증하고 있는 것이니, 무엇보다도 올바른 영양 섭취를 해야 한다.

학생들의 건강과 정서 불안, 집중력 결여, 폭력 등은 자연식과 올바른 생활 습관으로 치유가 가능하다.

곡류와 채소에는 각종 비타민과 무기질이 풍부하다. 특히 채소와 과일에 많은 비타민과 무기질은 머리 회전을 좋게 하고, 해조류와 콩, 견과류 등도 두뇌 개발에 좋은 식품이다. 호두와 콩의 생긴 모양을 보면 꼭 두뇌 같이 생겼다. 한자의 '머리 두腦' 자에는 '콩 두豆' 자가 들어가 있다. 실제 실험 결과에 있어서도 콩은 두뇌 개발에 좋고 우수한 양질의 단백질 공급원으로서 동물성 단백질을 대용한다. 맑은 정신을 일깨우는 레시틴 성분이 있어 교도소에서 주된 식사로 제공되기도 한다.

그리고 검은색의 해조류는 신장을 좋게 하여 지구력과 인내심을 증가시키고 인체의 피 흐름을 개선하여 두뇌를 간접적으로 개발하는 식품이다.

백미와 인스턴트식품, 청량음료 등을 많이 섭취하면 저혈당 증세가 나타나는데, 머리가 멍하고 무기력해지며 폭력적이 되면서 스스로 감정을 통제하지 못하게 된다. 그러나 채소의 섬유질은 혈당의 수치를 적절히 조절해준다. 잡곡으로만 식사를 해도 이런 증세가 사라진다.

생채식의 청정한 기운은 두뇌를 맑게 만들고 집중력을 키워주며, 지구력과 부드러운 심성을 배양해주므로 수험생에게는 반드시 생채식과 자연식을 할 수 있도록 배려해야 한다.

운동을 하기 전에는 매콤한 것을 먹어 혈액순환을 촉진시키고, 운동 후에는 새콤달콤한 음료와 샐러드 등을 먹어 근육의 피로를 풀어주고 에너지를 보충하는 것이 좋다.

신맛은 간으로 들어가 근육의 피로를 풀어주고, 단맛은 소비된 에너지를 보충하여 원기를 회복시켜 준다. 깊은 밤 집중력을 요하는 시간에는 매운 음식을 주지 말아야 하며, 간단한 녹차, 채소과일 주스가 좋다. 녹차는 뇌파를 알파파로 유도하여 머리를 청정하고 고요하게 해주며, 채소과일 주스는 에너지를 신속하게 제공한다. 그러나 너무 매운 것은 마음을 산란하게 하고, 수면과 집중을 방해하며 성욕을 일으키게 만든다.

잡곡밥에 해조류와 견과류, 채소를 잘 섞어 자녀의 식사로 제공하는 엄마는 진정 지혜로운 엄마이다.

각종 성인병과 암을 예방하고 개선

인간의 평균수명이 늘어나고 다양한 의료기구와 신약이 개발되었지만 각종 암과 성인병 환자는 증가 추세에 있다. 이미 우리나라 남성 셋 중의 한 명, 여성 다섯 중의 한 명이 일생을 살아가면서 암에 걸리는 시대가 왔다. 길을 가다가 만나는 남성 셋 중의 한 명, 여성 다섯 중의 한 명이 암에 걸릴 요인을 갖고 있다는 것이다. 실제로 우리나라도 전체 사망자 수의 4분의 1이 암환자이다. 특히 위암과 폐암, 유방암의 비율이 높게 차지하고 있다.

인체 오장육부 중 음식을 1차적으로 받아들여 소화시키는 곳이 바로 위장으로, 나쁜 음식이 들어왔을 때 가장 먼저 손상을 당하는 첫 관문이기 때문에 위암 환자가 많다. 이는 육식, 인스턴트식품, 정제식품 등 부적절한 식품의 섭취가 가장 큰 원인이다.

세계 최고의 영양 섭취와 의료기술을 자랑하는 미국인의 절반 이상이 각종 성인병 환자이고, 미국의 10대 질병 중 심장병, 암, 뇌졸중, 당뇨병, 간경화증, 동맥경화 등의 6가지가 비자연적 식생활에서 비롯되는 병이다. 그 외에도 육식은 대장암과 유방암, 전립선암, 폐암, 심장마비, 저혈당, 궤양, 변비, 비만, 빈혈, 관절염, 신장병 등을 유발한다. 이 때문에 지금 여러 선진국은 채식 위주의 저단백, 저지방 식단으로 변화하고 있다. 특히 미국 농무부는 지난 1996년도에 사람에게는 동물성 식품이 필요하지 않다고 발표하기도 했다.

많은 사람이 '암'이라면 다른 사람의 일로 생각하지만 지금의 식생활 패턴으로 볼 때 어느 누구도 암에 걸리지 않는다고 장담할 수 없다. 암은 수술하면 낫는다고 생각하는 사람이 많은데, 암환자가 수술을 받은 후 5년을 넘기기가 힘들다는 수치가 나와 있다. 그래도 사람들은 현대의학만 맹신하는데, 질병은 수술이나 약물 요법이 아니라 정결한 채식 식단과 밝은 마음속에서 예방하고 치료돼야 하는 것이다.

병이 생겼을 때 몸 스스로가 치유하는 자연치유력을 강화하기 위해서는 정결한 음식이 절대적으로 중요하다. 음식의 영향에 따라 체질이 강화되고 자연치유력이 증대돼 질병을 낫게 하기 때문이다.

현대인에게 흔한 과도한 스트레스와 화병, 유방암, 전립선암, 폐암, 위암, 심혈관계질병, 당뇨, 비만, 변비 등은 식이요법으로도 충분히 개선할수 있다. 약은 일시적으로 증상 완화를 시켜주지만 생활 습관의 교정과 식이요법은 근원적 치료가 가능하다.

각종 암 발생 위험도의 90%는 서구식의 식생활 문화로 인한 것이다. 포화지방과 콜레스테롤의 과도한 섭취가 혈관을 노쇠하게 하고 피의 흐름을 막아서 심장, 뇌, 생식기의 혈액량을 감소시키는 것이므로 섬유질,

비타민, 미네랄 등이 풍부한 채소와 과일로써 피를 맑게 유지할 수 있다.

채식하는 사람은 칼슘이 부족하기 쉽다고 하는데, 가장 육식을 많이 하는 미국에서 골다공증환자가 속출하고 있으며, 곡채식을 위주로 하는 아프리카나 아시아의 오지에 사는 사람들은 오히려 골다공증이 없으니 참으로 아이러니할 수밖에 없다.

동물성 단백질을 많이 섭취하면 대사 과정을 통해서 인체는 산성으로 치우치게 된다. 그러면 인체는 뼈에서 칼슘을 용출해 중성을 유지하려고 하는데, 이것이 반복되고 기간이 길어지면 뼈에 구멍이 뚫리고 약해져 골다공증이 되는 것이다.

뼈를 튼튼히 하기 위해서는 단순히 칼슘제만 먹으면 되는 것이 아니다. 여러 영양 물질의 복합적 작용이므로 음식을 골고루 섭취하는 식습관과 맑은 공기와 햇볕을 쬐며 걷는 운동 등을 병행해야 한다. 채식을 하는 사람이 육식을 하는 사람에 비해 뼈가 더 튼튼하고, 부러져도 회복이 빠르다는 연구 결과가 나왔으며, 영양 수치도 육식보다 채소가 더 높다.

칼슘은 검은깨와 무청, 깻잎, 토란대, 고구마 줄기, 시래기, 해조류 등에 많이 들어 있으므로 평소 조금씩 먹고 운동을 한다면 칼슘 부족으로 인한 걱정은 없다.

우유 속의 칼슘은 채소의 우수성을 넘지 못하며, 우유는 자칫 알레르기와 피부병을 초래할 수도 있다. 이는 아시아인의 소화효소에는 우유 성분을 분해하는 성분이 없기 때문이며, 오랜 유목생활을 통한 서구인의 유전인자에 맞는 음식인 것이다. 특히 방부제와 성장촉진제를 섞은 사료를 먹여 키우는 젖소로부터 얻는 우유는 임산부나 유아에게 오히려 독이나 다를 바 없다.

인체 노화 연구자인 미국 텍사스 주립대학 유병팔 박사도 붉은 고기 섭취량은 '0' 이어야 한다고 말했다. 채식에는 단백질, 지방, 비타민, 무기질, 수분, 섬유질 등이 골고루 포함되어 있어 각종 오염물질과 환경호르몬, 독소와 노폐물을 정화하고 배설시켜 자연치유력을 극대화시켜 준다.

그러나 육식을 하면 고기가 장腸에서 부패하면서 발생하는 아민, 암모니아, 페놀 등의 유해물질이 혈액에 흡수돼 온몸의 조직과 세포로 보내지므로 천식이나 알레르기, 각종 염증을 유발하고, 이를 해독하기 위해 간과 신장이 허약해지는 것이다.

약국에서 가장 많이 팔리는 약 중의 하나가 소화제이다. 사람들은 식탐으로 배를 채우고 소화제에게 해결을 부탁한다. 감기와 혈압, 당뇨약도 마찬가지이다. 그러나 이렇게 해서 먹는 약의 독성은 고스란히 신장과 간장의 부담으로 작용한다.

이제 인체 건강의 파수꾼은 예방의학으로 바뀌어야 한다. 예방의학은 병이 발생한 후에 치료하는 의술보다 훨씬 효율적이며, 가계 부담도 줄여 준다.

그리고 가급적이면 생채식을 하는 것이 좋다. 아무리 채식과 자연식을 한다고 해도 채소를 볶거나 튀기고 많이 익히게 되면 채소 고유의 에너지가 소실된다. 고지방과 익힌 음식으로 인한 칼슘의 응고와 노폐물 발생은 체내에서 침착 현상을 일으켜 결석과 치석, 혈관경화 등의 현상을 일으킨다. 이렇게 되면 자연식을 해도 각종 질환이 생기게 되며, 치유 또한 잘 안 되는 것이다. 따라서 가급적이면 소식과 생채식 위주로 식사를 하면서 노폐물을 형성시키는 음식물을 끊는 것이 좋은 방법이다.

사람의 성품을 유연하고 원만하게, 그리고 아름답게

채식은 우리의 인생을 보다 행복하게 만들어준다. 음식은 먹는 사람의 몸을 만들기 때문에 곧 그 자신이라고 할 수 있다. 따라서 내가 어떤 음식을 먹느냐가 내 몸을 만드는 관건이 된다.

채식은 태양 에너지와 물의 결합체로서 태초에 신이 인간에게 준 최고의 양식이다. 맑고 밝은 기운과 인간에게 필요한 모든 영양소로 가득 차 있으므로 현대 영양이론이나 칼로리를 몰라도 아무런 이상이 없다. 오히려 잘못된 현대의 영양학은 온갖 성인병과 암, 불치병을 선도한 꼴이 되고 말았다. 그래서 미국 정부도 이제는 20세기 초의 식사로 돌아가자고 다시 외치고 있는 것이다.

채식은 사람을 맑고 밝게 만들며, 항상 활기차고 사랑이 충만하게 만든다. 그러면 이 세상도 더불어 밝아지고 사랑이 충만해져 온 지구가 하나의 가족이 되며, 동물 또한 더 이상 인간을 두려워하지 않고 친구가 될 것이나. 채식은 신성한 사람으로서의 귀환이며 신의 자녀가 되는 길이다. 긍정적인 인생관은 본인의 삶마저 윤택하게 하므로 채식의 이로움은 아무리 강조하여도 지나치지 않다.

그런데 온갖 방부제와 항생제, 성장촉진제 등이 들어 있는 육식을 한다는 것은 오염물의 결합체를 먹는 것이나 다를 바 없다. 육식을 한 인간의 의식은 점점 동물처럼 저차원이 되고 본능만을 추구하게 돼 식탐, 성욕, 투쟁, 게으름, 무지함과 단순함, 공격적으로 변하게 되는 것이다.

인간이 밝은 빛 에너지로 이루어진 채식을 한다면 의식을 한층 승화시키지만, 오염된 에너지인 육식을 한다면 의식까지도 탁해지는 것은 불을 보듯 자명한 일이다.

채식은 또한 여성의 유방암과 생리통, 변비, 피부 트러블, 비만 등의 질환을 개선하고 예방하는 작용이 있으며, 심신을 아름답게 가꿔준다.

사람은 피가 깨끗하게 순환되어야 건강한 법인데, 혈액이 오염되고 잘 흐르지 못하면 각종 질환이 나타나게 된다. 육식과 인스턴트식품, 정제식품 등을 계속 섭취하면 먼저 위장이 나빠지고, 이와 연결되어 있는 유방, 피부, 무릎 등에 증상이 나타나며, 독소를 배출시키기 위해 피부 트러블과 신부전증 등의 증상이 나타나게 된다.

섬유질 없는 육류 위주의 식단은 변비를 조장하고 과도한 지방 섭취는 혈액의 흐름을 나쁘게 한다. 또한 콜레스테롤을 증가시키며 체온이 떨어지는 등 대사 작용을 약화시켜 계속 살을 찌우게 만든다.

그리고 피가 오염되면 인체는 이 피를 밖으로 배설하게 되는데, 여성의 생리 기간이 길어진다거나 생리통이 심한 것도 바로 이 혈액이 탁하기 때문이다.

여성의 본능은 아름다움에 대한 동경이다. 그럼 어떻게 해야 더 아름다워질 수 있을까. 비타민, 무기질, 맑은 태양 에너지가 가득한 채소와 과일, 해조류는 여성이 필요로 하는 아름다움을 내외적으로 도와줄 것이다.

인체의 혈액 성분은 바다의 구성 성분과 비슷하게 이루어져 있다. 바다에서 자라는 해조류와 땅에서 자라는 채소, 과일을 섭취하게 되면 혈액은 맑아지고 신장 기운을 보補해주며 두뇌를 활성화시키고 뼈를 튼튼히 해준다. 그 결과 변비가 해소되어 피부는 깨끗해지며 자연스럽게 체중도 정상이 된다.

밝은 태양 에너지로 충만한 채소와 과일은 우리의 심신을 활기차고 밝게 하므로 사회에서도 돋보이는 구성원으로 만들어줄 것이다. 음식은 몸과 마음에 같이 영향을 끼치게 되므로 맑고 밝은 에너지가 충만한 음식을 섭생할 때 우리의 심신 또한 그렇게 변하는 것이다.

병원에서 많은 치료비를 지불하는 환자 중 하나가 신부전증환자이다. 요산 등이 잘 배출되지 않아서 주기적으로 체내의 이 노폐물을 신장투석기로 걸러줘야 하기 때문이다. 이는 노폐물을 걸러내는 신장腎臟이 고장났기 때문으로 이들은 사회생활을 제대로 영위할 수가 없으며, 삶의 의욕마저 잃어버리고 산다. 그 원인이 어디에 있을까.

육식과 인스턴트식품, 온갖 양념을 많이 먹어 신장과 간을 더욱 병들게 했기 때문이다. 이런 성인병은 잡곡밥과 생채식, 적절한 운동과 마음의 안정을 유지함으로써 대부분 개선되거나 치유된다. 따라서 지금부터라도 식단을 바꾸는 용기가 필요하며, 이 용기와 결단이야말로 인생에 있어 가장 보람차고 값진 선택이 될 것이다.

정제 가공식품과 인스턴트식품의 섭취는 가장 나쁜 편식

현대 의약품과 정제된 가공식품은 어떤 한 가지 성분을 추출해 만들었거나 많은 영양소가 깎인 상태이다. 이런 것을 섭취하게 되면 인체 내의 혈액이나 세포의 조성 비율이 한쪽으로 치우치게 되고, 결국 형평의 상태가 깨어지게 된다. 그 결과 인체는 부족한 부분을 채우기 위하여 스스로 원기를 소모하게 되고, 결국 장부臟腑의 허실로 연결되는 것이다.

인체의 혈액과 세포에는 다양한 유기물과 전해질이 조화를 이루고 있다. 또한 자연계의 영양소는 서로가 조화를 이루고 있기 때문에 이것을 섭취하면 인체는 저절로 영양의 형평을 이루게 된다.

식물은 맛, 향, 색 등 다양한 영양이 서로 보완을 하고 있어서 영양 성분이 한쪽으로만 치우치게 되는 일이 없다.

인삼은 폐와 비장, 신장을 이롭게 한다. 인삼의 맛, 색, 향 등이 상호 복합적으로 작용하기 때문이다. 그런데 인삼의 사포닌 성분이 좋다하여 그 성분만 추출하여 쓴다면, 그때는 인삼이 아니라 단지 그 '한 가지의 성분'일 뿐이다.

어느 가수의 노래가 아름답다고 할 때 목소리만 따로 존재하는 것은 아니다. 우아한 자태와 고유의 창법이 한데 어우러져 멋진 화음이 나오듯이 식물의 영양도 하나의 조화된 소우주를 이루고 있는 것이다.

정제 가공식품과 인스턴트식품이 포만감이나 맛을 선사할지는 몰라도 자연의 살아 있는 에너지를 주지는 못한다. 우리의 인체는 생명력이며, 살아 있는 청정한 에너지를 원하고 있다. 자연친화적 음식 섭취를 통해 자율신경의 기능을 회복하면 입맛이 저절로 모든 것을 조절하게 된다. 몸에 해로움을 주는 음식은 식욕이 일어나지 않고, 청정한 에너지의 음식을 보면 식욕이 저절로 동할 것이다.

식물은 완벽한 조화를 이루고 있으므로 가공하거나 정제하지 말고 잎과 줄기, 뿌리, 열매, 씨앗까지 함께 먹는 전체식全體食을 하는 것이 최상의 섭생 방법이다.

불편한 진실 그리고
채식의 선택

우리는 종종 갈림길의 기로에 설 때가 있다. 그때 현명한 결정을 내릴 수 있는 몇 가지 잣대가 있는데, 진실은 자연의 이치와 부합되고 상식적이며 단순하다는 것이다. 자연의 이치와 부합되지 않는 것이라면, 그것은 왜곡된 진리일 수 있다. 우리는 가장 상식적이고 이치적으로 생각하고 올바른 판단을 해야 한다.

요즘 채식을 하는 사람이 늘고 있지만 과거 채식과 육식에 관한 찬반의 논쟁이 뜨거웠던 적이 있다. 특히 많은 사람이 채식을 하면 영양이 부족하고 체질이 허약해진다고 했다. 과연 그럴까.

채식만 하는 코끼리, 소, 기린, 말 등을 한번 떠올려보자. 하나같이 우람한 덩치, 힘차고 지칠줄 모르는 힘과 활동성을 가지고 있다. 반면에 육식만 하는 사자, 호랑이, 늑대, 표범 등은 대체로 공격적이며 거칠고 수명이 길지 못하다. 이제 이런 의문점 등을 연구 결과와 통계를 보면서 비교 검토해보자.

채식하는 사람을 두고 흔히 단백질이 부족하여 허약한 체질이 되기 쉽다고 한다. 그러나 고기를 먹는 것은 죽고 부패한 단백질을 섭취하는 것이며, 그 결과 대사 과정에서 여러 가지 독소와 노폐물이 생성되어 질병을 일으키게 된다. 죽은 것은 에너지가 결여되어 있고, 서서히 산화되기 시작한다.

이에 비하여 콩류나 곡류, 견과류, 종실류 속에는 양질의 단백질이 포함되어 있으며, 채식을 통해서도 하루 단백질 필요량인 총 열량의 2.5~10% 범위를 초과하게 된다. 가장 많이 단백질을 필요로 하는 시기는 성장기의 아기인데, 이때 필요한 단백질의 양은 단지 총 열량의 5%일 뿐이다. 지금의 식사법은 오히려 단백질 과다 섭취로 인해 동맥경화와 심장병, 뇌경색, 간과 신장의 허약 등 여러 성인병이 발생되고 있다.

사람들은 고기를 먹지만, 동물의 음식은 바로 식물이다. 소나 코끼리, 말 등은 몇 종류의 식물만을 섭취할 뿐이지만 큰 덩치를 이루고 엄청난 힘을 가지고 있다. 사실 콩밥이나 견과류 등을 통해 단백질을 섭취하면 건강에는 아무런 지장도 없다.

스포츠는 빠른 스피드와 지구력, 강력한 힘 등을 요구한다. 그런데 세세 기록 보유자 중에서 완전 채식을 하는 선수가 많다.

수영 선수 머레이 로즈는 채식가이면서도 올림픽에서 최연소 3관왕을 차지했으며, 데이버 스코트는 철인경기대회에서 6회나 우승을 했다. 또 테니스 챔피언이었던 나브라 틸로바는 윔블던 테니스 9연패의 신화를 이루었다. 칼 루이스는 올림픽 9관왕의 위업을 이루었고, 에드윈 모제스는 400M 허들에서 2연패를 했다.

채식을 해서 힘이 없거나 체격이 왜소해진다는 것은 기업들의 허위광고와 상술의 합작품일 뿐이다.

100g 기준 영양소 함량

	단백질	칼슘	철분
소고기	22.8mg	19mg	2.1mg
콩	41.3mg		
검정깨		1400mg	
들깨			13.7mg

다음은 칼슘 문제로, 채식을 하면 뼈가 부실해진다고 생각하기 쉬운데, 앞서 얘기했듯이 이 또한 진실과는 거리가 먼 정보이다.

세계에서 육식을 가장 많이 하는 사람들이 에스키모인인데, 이상하게도 골다공증이 가장 많은 민족 중의 하나이다. 육식의 영양을 맹신하는 미국의 65세 이상 여성 중 25%가 뼈의 용식 현상으로 고질적 요통, 골절상, 내부 장기 압박, 골다공증, 빈혈 등으로 시달리고 있다.

왜 그럴까. 문제는 칼슘을 아무리 섭취해도 동물성 단백질 섭취가 많으면 인체는 산성으로 기울어진 혈액을 중화시키기 위해 뼈에서 칼슘이 빠져나가는 것이다. 육식으로 인한 단백질의 과다 섭취가 오히려 여러 가지 부작용을 낳고 각종 대사질환을 일으켜 성인병을 유발한다.

식물은 칼슘제를 복용하지 않지만 단단한 열매와 씨앗을 만들어낸다. 초원에서 풀만 먹는 초식동물들도 한결같이 튼튼한 뼈대를 가지고 있는데, 유독 인간에게만 왜 골다공증이나 관절에 이상이 있는 것일까.

〈도덕경道德經〉에 '지고강골志高强骨'이라는 말이 있다. 뜻이 높으면 뼈가 강해진다는 것이다. 사람을 바로 서게 하는 것은 정신의 강함과 곧음에 있음을 시사하는 말이다.

뼈의 단단함은 우유나 소뼈, 칼슘제로부터 오는 것이 아니다. 곧은 정신 그리고 하늘을 향해 자라나는 식물의 섭취와 따뜻한 햇볕 아래서의 적당한 운동이 뼈를 강인하게 만든다.

삶에 의욕이 없고 정신이 해이해지면 골밀도가 약해진다. 그리고 육식과 유제품의 섭취는 뼈의 용식 현상을 부채질한다. 깁스를 하고 일정 기간 움직이지 않으면 뼈가 약해지는 것을 알게 된다. 인간이 고난을 통해 의식이 성장하듯이, 뼈도 중력의 압박감으로 인하여 강해지므로 적절한 움직임은 꼭 필요하다.

100g 기준 칼슘 함량

소고기 19mg	달걀 67mg	우유 186mg
검은깨 1,100mg	마른 미역 720mg	참깨 630mg
파래 403mg	무말랭이 368mg	검은콩 213mg
두부 181mg	율무 151mg	

많은 사람이 종교와 수행의 방법으로 채식을 하고 있는데, 이들을 자세히 보면 하나같이 건강하고 활기찬 모습으로 생활하고 있다. 몸이 튼튼하며 얼굴은 밝고 빛이 난다.

채식을 한 산모가 출산한 아이들을 보면 한결같이 살이 통통하면서 견고하다. 잔병치레를 한다거나 보채고 짜증내는 일도 거의 없다. 심성 역시 부드럽고 집중력과 지구력이 강한 것을 관찰할 수 있다.

일상생활에서 잡곡밥과 채소, 과일, 견과류, 해조류를 적절히 섞어 섭취한다면 영양 면에 있어서 아무런 지장이 없다.

환경과 감정, 나이에 따라 인체는 스스로 자율신경을 통해 음식의 섭취 욕구를 조절한다. 그런데 일반적으로 규정된 칼로리가 어떤 사람의 상황에는 맞지만, 다른 사람이나 반대의 상황에서는 맞지 않을 수 있다. 가장 좋은 영양 섭취 방법은 인체의 자율신경의 선택에 맡기는 것이다.

현대인은 스트레스와 과중한 업무, 잘못된 정보의 입력 등으로 자율신경의 밸런스가 조화를 잃고, 오히려 인체에 해로운 것을 좋아하게 되었다. 따라서 채식을 통해 자연의 입맛을 회복하는 것이 우선이다. 이렇게 해서 회복이 되면 인체는 스스로 잘 조절하게 되어 꼭 필요한 맛과 음식을 떠올리게 된다. 그러므로 무엇보다도 먼저 행해야 할 것은 채식으로의 전환이며, 인체의 조화력을 회복시키는 것이다.

채식은 육식으로 인한 양심의 가책을 없애준다. 두려움은 밖에서 오는 것이 아니라 우리의 마음에서 자라나는 것이다. 우리 영혼은 무소부재하므로 자신의 조그만 죄와 잘못도 금방 알고, 또 가책을 느끼며 씻어버리려고 노력한다. 이런 노력의 결과는 몸과 마음이 아프거나 사고와 재난의 형태로 나타나기도 하는데, 이는 죄를 참회하기 위해 우리의 영혼 스스로가 창조한 일이다.

육식을 하게 되면 우리의 영혼은 자신이 다른 생명을 죽이는 데에 일조를 하고, 또 그 육체를 취했다는 사실에 괴로워한다. 동물에게도 영성이 있으며, 육체는 그것이 진화해나가기 위한 도구인 것이다.

동물을 죽인다는 것은 영성이 진화해가는 도구를 뺏는 것이요, 진화 과정의 한 부분을 송두리째 빼앗아버린 것이므로 조금이라도 깨어 있는 영혼이라면 내면적으로 당연히 괴로울 수밖에 없다. 그런데 이런 죄의식을 잊고 자신의 행위를 정당화시키면서 포장하면 마음에는 어둠이 생기고, 그 결과 두려움과 고독, 분리감이라는 나쁜 세균이 자라나기 시작한다.

이것을 없애려면 과감히 굳게 쳐진 커튼을 젖히고 창문을 활짝 열어야 한다. 그러면 빛이 가득 차면서 어둠은 자연스럽게 사라질 것이다. 두려움이란 사람 스스로가 창조한 것으로 본래가 없는 것이다.

채식은 눈으로 보는 것처럼 단순히 풀만 먹는 행위가 아니며, 육식도 고기만 먹는 단순한 행위가 아니다. 어느 것을 선택하느냐에 따라 인과율因果律이 작용하고, 영혼이 축복이나 상처를 받게 되는 엄청난 일이기도 하다.

채식이야말로 사랑의 적극적 표현이며 사랑의 확장이라는 것을 잊지 말자.

채식과 환경

- 한 사람의 채식은 1,200평의 숲을 살린다(남한 인구 5천만 명 기준 = 6천억 평).

- 햄버거 하나 만드는 데 소요되는 숲의 공간 1.5평

- 수소 한 마리 키우는 데 필요한 공간 300평

- 지구 표면의 30%가 사막화, 18억 5천만 명이 사막지대에서 생존하며, 이 중 2억 3천만 명이 영양실조 상태

- 동아프리카 지표 중 50% + 2300만 마리 소의 방목지로 이용(매년 48km 도로 사막화 진행)

- 소고기 1kg 생산하는 데 20,000ℓ의 물 필요

- 토마토 1kg 생산하는 데 110ℓ의 물 필요

- 통밀 1kg 생산하는 데 525ℓ의 물 필요

- 450g 고기 기준으로 9,500ℓ의 물 필요(일반 가정의 두 달 사용할 수 있는 물)

- 육식인을 위한 물의 용도는 채식인의 14배(세계 농지의 15%가 물 부족으로 고생)

- 소 한 마리의 배설량은 사람 16명의 배설량(동물 배설물 발생 처리 시설 부족, 하천으로 방류하여 수질 오염)

- 세계 총 곡물 생산량의 38%, 미국 총 곡물 생산량의 70%가 가축 사료로 쓰임(원래는 사람의 음식, 지구 반대편은 기아)

- 소고기의 단백질 1kg을 얻기 위해 필요한 화석연료 78칼로리 소모

- 콩 단백질 1kg을 얻기 위해 필요한 화석연료 2칼로리 소모

- 소의 수명 1/4로 단축, 우유량은 3배 이상 증가

- 세계의 기아 인구 10억, 매년 2~3천만 명 사망

- 후진국 어린이 25%가 4세 이전에 영양실조로 사망(1분에 23명이 기아와 영양실조로 사망)

- 1,224평의 땅에서 감자는 18t, 소고기는 0.1t 생산 가능

- 성인병 환자 90%가 육식 선호(특히 중풍환자)

- 3,000~5,000만 마리의 동물이 실험도구로 사망

- 한국에선 100만 마리의 개가 매년 도살

- 지구에 사육되는 소의 식량은 87억 명의 식량

- 사람이 먹을 수 없는 어류 포획량은 연간 2,000만톤(죽은 채로 바다에 버려짐, 바다 오염)

CHAPTER 5

쇼울 푸드 SOUL FOOD의
섭생법

"진실로 윤리적인 인간에게 모든 생명은 신성하다.

인간은 인간의 생명이든 동식물의 생명이든 생명을 생명으로써

신성시하고 곤궁에 빠져 있는 생명을

헌신적으로 도와줄 때에만 윤리적이다."

- 슈바이처

밥상에도
원리가 있다

사람에게는 맑은 기운으로 살아가느냐, 탁한 기운으로 살아가느냐의 두 가지 선택이 있다. 사람은 만물의 영장이고 신의 자녀이므로 마땅히 맑은 기운을 취하며 살아가야 한다. 맑은 기운은 음식물의 섭취에서 시작되며 그 대상은 바로 식물이다.

식물은 태양 에너지와 물의 결합체로써 존재하는데, 사람은 빛을 바로 섭취할 수 없으므로 식물 내에 존재하는 빛 에너지와 물 등 여러 가지 영양소를 섭취하는 것이다. 그러므로 식물을 섭취한다는 것은 신의 품성인 사랑의 빛과 하나가 되는 것이다. 그러나 요즘은 식문화와 식자재가 옛날처럼 청정하지 않기에 음식을 올바르게 섭취하는 것이 중요하다.

사람의 미각과 시각을 위하여 껍질을 도정하고 탈색을 해버리면 식물

고유의 에너지 균형이 깨지게 되어 치우친 에너지 상태로 변해버린다. 그것을 섭취한 사람도 마찬가지로 인체의 에너지 밸런스가 조화를 이루지 못하기 때문에 반드시 모든 곡물, 채소와 과일은 전체식을 해야 한다.

식물은 껍질과 알맹이, 잎과 뿌리 부분이 각각 음양의 조화로 각 위치에 따른 고유의 영양 성분을 보유하고 있다. 이 영양 성분을 골고루 섭취함으로써 다양한 에너지를 요구하는 인체의 원리에 부합하게 된다. 그 결과 오장육부와 성격이 조화롭게 되는 것이다.

곡류와 콩류는 열량소가 되어 인체의 에너지를 활성화시키고, 채소와 과일은 조절소調節素가 되어 인체 에너지 상태를 조절한다. 또 식물은 껍질과 알맹이, 엽채류와 근채류로써 음양의 조화를 이루고 있으므로 이것을 골고루 섭취하였을 때 인체의 장기가 활성화되고 인의예지신의 성품이 조화를 이루게 된다.

몸이 허약한 사람의 경우 엽채류만 과다하게 섭취하면 몸이 냉해질 수 있으므로 근채류와의 조화가 필요하다. 도정을 한 곡물을 많이 섭취하면 비타민, 무기질 섬유질이 부족해 인체가 산성으로 진행되므로 통째로 된 곡식인 통곡 위주의 전체식을 해야 한다.

근채류는 빛 에너지를 많이 저장하여 따뜻한 성질이 있고, 엽체류는 수분을 많이 함유하여 시원한 성질이 있다. 따라서 열량소만 많이 섭취하면 냄비만 남은 격이 되어 물이 꺼지게 되므로 조절소인 채소, 과일을 적절히 섭취함으로써 열량소의 에너지 대사를 원활하게 해야 한다.

조절소는 땔감 사이에 공기를 유입하여 불이 잘 타게 해주는 작용을 한다. 미네랄은 선발대처럼 세포를 열어주는 미량원소이므로 꼭 필요한 성분이며, 비타민은 농축된 에너지를 분해하며 세포를 활성화시킨다. 섬유질은 스펀지와 수세미처럼 대사의 부산물인 노폐물과 가스, 독소 등을 흡착해 몸 밖으로 배출하여 흡수된 영양을 서서히 세포에 제공한다. 식물의 생화학 성분은 백혈구의 원료가 되어 각종 바이러스를 물리치는 다양한 항체를 생산한다.

음식의 에너지

곡류로 단백질, 지방, 탄수화물의 비율을 맞추고 상황에 맞게 견과류와 종실류를 배합하면 좋다. 도정한 백미는 섬유질이나 비타민, 무기질이 거의 제거된 상태로서 백미만의 식사법은 당분의 섭취가 많아지므로 인체를 산성화시키고, 당뇨병과 각종 성인병의 원인이 된다. 그리고 자연식을 하면서 자칫 소홀하기 쉬운 단백질과 지방, 비타민과 무기질 등은 혼합 잡곡밥의 섭취로 해결된다.

현미와 기타 잡곡으로 탄수화물의 에너지를 보충하고 여기에 콩류를 섞어줌으로써 단백질과 지방의 조화를 꾀할 수 있으며, 견과류나 씨앗 종류 능을 첨가하면 지방의 배합이 이루어진다.

통곡 위주의 전체식과 혼합 잡곡밥은 6대 영양소가 골고루 들어 있고 섬유질이 풍부해 장내 청소 작용과 함께 배변을 원활하게 하며, 각종 비타민과 무기질이 들어 있어 인체를 활성화시킨다. 이 때문에 잡곡밥은 조금만 먹어도 속이 든든하고 에너지가 지속돼 활력이 생기지만, 백미는 인체를 점점 허약하게 만든다. (수술 후 환자는 제외)

식물은 탄산가스와 물 분자를 합성해 포도당 분자를 형성하는데, 태양 에너지의 빛과 열에 의해 결합하고 단단하게 성숙된다. 토양의 에너지에 의해서도 이 결합력은 영향을 받으며, 농약이나 토지의 산성화는 식물의 결합 에너지를 저하시킨다.

포도당은 수소, 산소, 질소, 탄소 등과 결합하여 단백질, 지방 등을 형성하고, 이것이 다시 분해되면서 에너지를 방출하는데, 인체는 이것을 활동 에너지로 사용한다.

그런데 빛 에너지와 토양의 결합력이 약하면 식물의 에너지가 약해지고, 이것을 먹은 인체도 면역력이 떨어져 비염이나 피부 모공 조절 기능의 약화, 감기, 알레르기 등의 증상이 나타나게 된다.

모든 식물은 물과 빛이 계절의 기운으로 형성된 것이기 때문에 오래 씹을수록 에너지가 많이 방출되고 인체에 쉽게 동화되어 소화기관의 부담도 덜어주게 된다. 또 씹는 과정을 통하여 침샘이 자극받아 소화효소가 분비되어 위의 부담을 줄이며, 뇌에 자극을 주어 과식을 방지한다. 그리고 턱의 근육이 발달되고 의지력이 강해지며 뇌의 기능을 활성화시킨다.

따라서 음식은 반드시 꼭꼭 씹어서 결합된 에너지가 톡톡 튀는 생명력으로 남김없이 나오도록 해야 한다. 음식을 먹을 때는 시간의 여유를 갖고 천천히 오래 씹는 것이 무엇보다 중요하다.

환경 에너지의 개선

우리의 환경을 살펴보면 의식주의 모든 방면에서 오염물질이 방출되고 있다. 벽지와 장판, 페인트, 전자제품과 컴퓨터의 전자파, 화학의류와 세제, 콘크리트 건물 등 모두 좋지 않은 에너지의 형태로서 우리 인체를 약화시키거나 교란시켜 무력감, 피로, 병명 없는 고통을 야기한다. 그러나 대부분의 현대인은 문명의 선물이라 여기고 잘 적응하고 사는 것이 신기할 따름이다.

옛날 사람들은 황토와 짚단, 나무, 창호지의 좋은 에너지 작용을 헤아려 주거 문화에 결합시켰으며, 이부자리 또한 천연 솜이나 면으로 만들었다. 자연친화적 소재인 황토와 창호지 등은 스스로 습도와 온도를 조절하여 인체의 면역력을 보호하고, 온돌과 아궁이의 숯불은 원적외선을 방사하여 에너지 흐름을 좋게 하며 노폐물을 배출시킨다. 또한 연기는 집안의 습기를 제거하고 살균, 방충의 역할을 하였다.

잠을 잔다는 것은 하루 동안 사용한 인체를 쉬게 하고 고갈된 에너지를 다시 보충하는 시간이다. 그러기 위해서는 깊은 수면 상태로 들어가야 하므로 실내는 어둡고 조용해야 한다. 배터리가 제대로 충전되지 못하면 전원이 오래가지 못하고 힘이 없듯이, 인체도 좋지 못한 수면 환경이 지속되면 건강에 많은 악영향을 초래하게 된다. 밤을 새거나 늦게 잘수록 원기가 소모되어 노화를 촉진하고 수명을 단축하게 되는 것이다.

시간은 절대적이지만 개인이 느끼는 시간은 상대적이다. 수면 시간 또한 상대적이다. 기쁘고 즐거우면 시간이 빨리 가는 것처럼 느껴지고, 어딘가에 몰입되어도 시간의 흐름이 짧게 느껴진다. 잠의 상태보다 더 깊이 몰입할 수 있고, 시간의 룰을 벗어날 수 있다면 잠의 양적인 시간은 중요하지 않다. 이것이 성인들이 말씀하신 초월의식이며 무아의 상태이다. 개인의 의식 상태와 관점의 차이는 똑같은 상황이라도 바라보는 시각의 차이를 가져오고 삶의 가치를 변화시킨다.

환경 에너지의 개선은 자연친화적 소재의 이부자리, 얇고 느슨한 옷차림, 편안한 마음, 명상, 저녁은 소식, 전자파 차단 등등 이런 것이 복합적으로 이루어져야 한다. 위생도 철저히 하여 각종 세균과 바이러스, 기생충 등을 유의해야 한다.

의식이 진화될수록 깨끗하고 잘 정돈된 생활을 하게 되므로 사람의 생활 모습은 의식을 반영하고 있는 것이다.

자신에게 맞는
적절한 운동의 선택

식물은 움직일 수 없으므로 바람이 그들을 마사지하여 수액의 운동을 촉진하지만, 인간은 팔다리와 자유의지가 있어 자신의 성향에 맞는 운동을 선택할 수 있다.

현대인의 과도한 영양 섭취와 운동 부족으로 인한 비만이 심각한 사회 문제로 대두되고 있으며, 특히 소아비만과 당뇨는 우리 모두가 유념해야 할 화두이다. 과도한 열량소 섭취는 지방의 축적을 가져오고, 그 결과 혈액순환이 저하되어 산소 섭취량 감소로 숨이 차게 되며, 운동은 더욱 멀어지는 악순환을 초래한다.

올바른 식생활과 함께 알맞은 운동은 성격을 밝게 하고 자신감을 심어 주며 체력을 좋게 한다. 요가, 수영, 등산 등 자신에게 맞는 운동을 선택하여 꾸준하게 하는 것이 무엇보다 중요하다. 일반적으로 직선운동은 에너지를 배출하고, 회전운동은 에너지를 저장한다. 성격이 급하고 몸이 뜨거운 사람은 조용한 운동을, 내성적이고 몸이 냉한 사람은 활기찬 운동을 하면 좋다.

혈액순환 장애와 변비, 지방 축적, 저혈압, 대사기능 저하 등의 많은 증상은 운동으로써 호전될 수 있다. 특히 손발 끝의 모세혈관을 자극하는 걷기나 등산이 큰 효과를 발휘한다. 손과 발의 끝을 오므리고 펴는 동작은 심장의 펌프질과 같은 효과를 줘서 혈액순환을 좋게 하기 때문에 채식과 병행하면 큰 효과를 볼 수 있다.

평소 하지 않던 운동을 하다 보면 조금 부끄럽기도 하고 귀찮기도 하여 포기하고 싶을 때가 오기도 한다. 이때를 자신의 정신력을 향상시키는 계기로 삼아 열심히 극복해나가면 점차 몸이 정신을 따라오게 되며, 그때는 변해 있는 심신이 자신에게 선물로 올 것이다.

질병은 우리에게 무엇인가. 그것은 '부조화된 심신의 상태를 알려주는 메시지'이다. 몸은 마음의 표현이므로 지금 자신의 몸에 나타난 질병은 마음의 메시지와 같다는 것을 알아야 한다. 마음의 작용에 따라 습관이 형성되고, 그 결과 부조화된 신체가 병이라는 모습으로 드러나는 것이다. 병의 근원은 두말할 것도 없이 우리의 마음에 있는 것이다.

질병은 무찔러야 할 적이 아니라 오히려 관심과 사랑이 필요한 대상이다. 자신의 심신과 식생활 등을 잘 관찰하여 부조화된 점을 개선해 나간다면, 인체는 반드시 건강과 행복이라는 메시지를 보내올 것이다.

음식을 대하는
마음의 자세

종교 단체에서 흔히 식사 시간 전에 기도하는 것을 볼 수 있다. 이것은 그냥 단순한 행위가 아니라 깊은 의미가 숨어 있다. 인간의 영적 성장을 위해 희생한 여러 식물과 음식을 베풀어준 신에게 감사의 기도를 하는 것이다. 이렇게 하게 되면 그 음식의 에너지는 긍정적으로 바뀌어 인체에 유익하게 작용하게 된다.

그리고 기도하는 동안에는 염력이 음식의 고유 파동에도 영향을 미쳐 에너지를 활성화시키고, 식탐을 비우게 하며, 음식을 주신 대자연에게 감사하게 되는 것이다.

음식은 요리하는 사람의 정성도 중요하다. 항상 긍정적이고 사랑에 충만한 밝은 마음으로 요리를 해야만 먹는 사람 역시 음식과 함께 요리를 한 사람의 사랑까지 취하는 것이다.

요리할 때 마음이 부정적이면 음식 역시 부정적인 에너지로 변해 먹은 사람이 구토나 메스꺼움, 두통, 체함, 식중독 등을 일으킬 수도 있으니 이를 유념해야 한다.

가급적이면 자기가 거주하는 지역의 재료로 요리를 하면 보다 자신의 심신에 동화되기가 쉬운데, 이것이 바로 사찰 음식이고 신토불이身土不二인 것이다.

자연의 법칙에 순응한다

가을이 되면 하늘은 높아지고, 낙엽으로 인해 나무는 앙상하게 변해 간다. 이것은 대기 중에 습도가 하강하여 뿌리 쪽으로 기운이 내려감으로써 나타나는 현상이다. 소우주인 우리 인체도 이에 상응하면서 피부의 수분이 안으로 수렴돼 건조해진다. 이때는 여름 내내 밖으로 발산되었던 기운을 안으로 거두는 시기이므로 자연도 이를 돕는 채소와 과일을 우리에게 주는 것이다.

가을에 나는 음식은 인체의 폐와 대장을 보하고, 인체의 에너지를 안으로 수렴시키는 역할을 한다. 가을, 겨울에 먹는 뿌리 음식과 단단한 열매, 씨앗 등은 다음 해에 에너지를 발산할 힘을 비축하게 한다.

만약 가을에 봄, 여름에 많이 나는 음식을 섭취하여 계속 발산을 한다면, 인체 모공이 수렴되지 않아 한기가 침투하므로 겨울 내내 감기로 고생한다든가 다른 합병증이 찾아올 수 있다.

인간도 지구 속의 한 세포로 존재하기 때문에 지구의 법칙 속에서 순응하고 살아갈 때 건강이 지켜지는 것이다.

두한족열(頭寒足熱)의
원리를 따른다

냉정한 마음이나 시기, 이기심, 탐욕 등의 부정적 성품은 인체의 혈액순환을 정체시켜 장기를 허약하게 만든다. 냉한 음식의 과다 섭취나 정제된 가공식품도 인체를 냉하게 만드는 원인이 되므로 가급적이면 인체를 따뜻하게 할 수 있는 음식을 섭취해야 한다. 아울러 긍정적이고 밝은 생각은 혈액순환을 좋게 하고 에너지를 활기차게 한다.

　무엇보다 두한족열頭寒足熱의 원칙을 지키는 것이 중요하다. 인체의 상부는 차고 시원하게 하며, 하부는 따뜻하게 유지하는 것이 그것이다. 단순한 것 같지만 이 진리가 건강의 첩경인데도 너무 소홀히 하는 사람이 많다.

　집과 목욕탕에서 각탕이나 족탕을 하는 것도 도움이 된다. 두한족열의 원리를 잘 지킬 때 인체 에너지는 순환을 순조롭게 하여 건강을 지켜주게 되는 것이다.

여성들이 즐겨 입는 미니스커트나 배꼽티 등 노출이 많은 옷은 인체를 냉하게 만들어 혈액순환 장애를 일으키게 된다. 그 결과 하체에 살이 찌고 생리통이 심해지는 것이다. 가급적이면 하체를 따뜻하게 하고, 잠을 잘 때도 따뜻하게 자는 것이 좋다.

냉기의 원인

정제식품, 인스턴트식품, 화학섬유, 딱 붙는 옷, 하복부와 다리의 지나친 노출, 증오심, 차가운 마음, 의기소침, 우울증, 아파트, 습한 환경, 지하실, 운동 부족 등

냉기 제거법

단식, 잡곡밥과 채식, 전통 한복, 하복부, 손과 발을 따뜻하게 함, 황토집, 따뜻한 마음, 열정적인 일과 봉사, 운동, 걷기, 식후 물 섭취 조절 등

올바른 식사법과 건강 원리

- 현미와 보리, 밀, 콩, 기타 잡곡 등을 섞어 밥을 짓는다.

- 채소의 뿌리와 잎 부분을 골고루 섞어 매일 섭취한다.

- 산야초와 노지 재배 채소를 즐겨 먹는다.

- 견과류와 과일, 콩 등을 적절히 섭취한다.

- 약알칼리성의 물을 마신다(알칼리성 체질은 제외).

- 맑은 공기의 흡입을 위해 등산이나 산림욕을 한다.

- 햇빛을 봄으로써 인체를 튼튼히 하고 정신도 밝게 한다.

- 걷거나 가벼운 운동을 함으로써 기와 혈의 순환을 촉진한다.

- 종교 활동이나 수행, 독서를 함으로써 마음의 평정을 유지한다.

- 소식을 실천하고, 밤늦게는 가급적 먹지 않아야 한다.

- 식전과 식후에는 곧바로 물을 많이 마시지 않는 것이 좋다.

CHAPTER 6

계절이 보내는
자연의 메시지

"좀 더 순수하고 건전한 식사법을 알려주는 사람은

인류의 은인으로 여겨지리라.

인류는 점차 발전해 나가면서 운명적으로

육식을 그만 두게 되리라고 나는 믿는다."

- H. D. 소로우

사계절의 속삭임

봄이 되면 새싹 돋아나는 것이 무척이나 귀엽다. 하룻밤 자고 나니 꽃이 만개해 향기를 내뿜고 있는 것을 보며 놀란 적이 한두 번이 아니다. 산과 들의 온갖 식물은 각 계절마다 소리를 내고 있다.

봄 = 아침

모든 만물이 소생하고 생기가 있다. 사람도 의욕적으로 무슨 일인가를 계획 세우고 시작하는 때이다. 이때 창조주는 심신에 활력과 용기를 주기 위해 힘차게 땅을 뚫고 나온 각종 새싹과 나물을 우리에게 주는 것이다. 봄에 나는 각종 나물은 우리에게 생기와 의욕과 희망의 메시지를 전한다.

'열심히 살아가세요! 희망을 갖고 꿈을 펼치세요!'

새싹과 나물들이 이렇게 노래한다.

여름 = 낮

자연의 모든 동식물이 번성하고 화려하게 자태를 뽐내며 외부로 기운을 뻗친다. 너무 외면에만 치중할까봐 자연은 장마와 가뭄, 태풍을 주어 내면을 굳건하게 만들며 자만심을 겸손함으로 바뀌게 한다. 여름에는 여러 가지 과일과 채소를 주로 주어 인체를 정화하고 밖으로 활동하여 기운을 뻗칠 수 있게 만든다. 그리고 안과 밖이 조화를 이룰 수 있도록 메시지를 전한다.

'활동하세요! 열정과 노력은 당신의 꿈을 이루게 할 것입니다. 우리가 당신의 몸과 마음에 용기를 드릴게요!'

채소와 과일은 우리에게 이렇게 속삭인다.

가을 = 저녁

가을이 되면 서리가 하얗게 내리고, 수기水氣는 뿌리로 하강하여 잎과 썩은 열매가 떨어진다. 여름을 값지게 보낸 열매와 곡식은 알차게 영글지만, 교만하고 사치스럽게 밖으로만 기운을 뻗친 것들은 서리의 심판에 의해 저절로 떨어져버린다. 사람도 조화롭게 안과 밖이 단단해지고 일의 매듭과 결실을 맺는다. 자연은 단단한 열매와 곡식을 우리에게 줌으로써 내실을 다지게 한다.

'지금 황금 들판의 곡식과 풍성한 먹거리는 여름의 시련을 잘 이겨낸 결과입니다.'

이렇게 우리에게 축복의 메시지를 선날한다.

겨울 = 밤

땅은 황량하고 벌거벗은 모습으로 모두 깊은 잠에 들어가는 시기이다. 동물도 동면에 들어가고 사람도 휴식을 취하여 내년 봄을 대비하라고 자연이 속삭인다. 햇빛에 말린 나물과 과일, 견과류, 땅속에 저장한 무 그리고 고구마와 감자 등 최소한의 양식으로 심신을 쉬게 하고, 조용히 내면의 세계에 집중하는 계절이다. 모자란 영양을 위해 바닷속은 비로소 여름이 되니 각종 해산물을 주어 원기를 저장하게 배려한다.

보리도 밟아줘야 새싹이 힘차게 솟아오르듯이 사람 또한 원기를 축적하라고 겨울에는 일거리도 적게 준 신의 큰 뜻과 섭리를 헤아려본다. 겨울의 찬바람은 봄에 성장하기 위하여 움츠리게 하며, 시련과 고통은 성장하기 위한 밑거름이 되는 것과 같다. 그래서 봄이 되면 다시 스프링처럼 튀어 오르며, 실패와 고난을 딛고 다시 꿈을 찾아 날갯짓을 하게 만든다.

겨울에 에너지를 저장하지 않고 다 소모해버리면 봄, 여름은 속 빈 껍데기만 존재하다가 가을이 되면 쭉정이만 남는다. 결국 겨울에는 영원히 쉬어 희망의 싹을 틔우지 못한다. 따라서 봄의 희망은 겨울의 내적 응축과 고요한 휴식의 기다림 속에서 이루어진다는 것을 잊지 말아야 한다.

바람과 햇빛, 소금 등 자연의 힘으로 저장이 가능한 먹거리는 철이 지난 다음에도 조금씩 먹을 수 있으나 보존이 어려운 것은 많이 먹지 말라는 뜻이다. 제철 식물이 가장 활성화된 에너지를 갖고 있으며, 우리의 몸과 마음에도 활기를 준다. 제철이 아닌 음식을 과식하게 되면 '철없는 사람'이 되어 자기의 역할이나 정신을 망각하게 된다.

여름에는 보리밥을 먹고 겨울에는 찰밥을 먹는다. 보기에도 보리와 찹쌀은 우리의 마음과 통한다. 보리는 삶아 놓으면 붙어 있지 않고 떨어져 있다. 그러므로 여름에 먹으면 인체를 시원하게 해준다. 찹쌀은 딱 달라붙어 있어 겨울에 추워 껴안고 있는 사람들을 보는 듯하다. 그러므로 겨울에 먹으면 인체의 모공을 수축하고 한기로부터 보호해주며, 몸이 차가운 사람에게는 따뜻하게 보온 역할을 한다.

신토불이 역시 제철 음식과 함께 절대적으로 고려해야 할 식사의 지침이다. 열대지방에 사는 사람들은 나무 위에 집을 짓고 주로 과일을 먹으며 살아가는데, 만약 한대에 있는 사람들이 바나나와 망고, 파인애플 등을 먹으면 인체는 조화력을 상실하고 겨울에 적응하지 못하여 감기 등이 찾아올 것이다.

추운 지방의 사람들은 채소나 과일보다는 소금에 절인 염장류나 단음식을 주로 먹는다. 남극이나 북극에 있는 사람이 과일을 주식으로 한다면 어떻게 될까. 아마도 추위에 대한 저항력을 잃고 감기에 걸리는 것은 물론 이것이 오래되면 중병을 앓게 될지도 모른다.

봄 여름 가을 겨울, 사계절이 다 있는 나라에는 먹거리도 다양하다. 사계절의 에너지를 골고루 섭취하므로 오장五臟이 제자리를 잡게 되고, 오상五常인 인의예지신이 조화를 이뤄 지혜롭게 되는 것이다. 한국인이 지혜로운 것은 사계절이 있기 때문이며, 자연이 선사하는 음식물의 에너지가 우수하기 때문이다.

사계절의 자연 현상은 다양한 소리를 내게 되고, 어휘력과 감정 표현을 잘 구사하게 만든다. 우리 한글의 어휘력이 풍부한 것도 이 때문이다.

그런데 이런 좋은 환경과 먹거리를 외면한 채 각종 방부제와 화학 첨가물로 범벅이 된 표백 밀가루와 곡류, 채소와 과일을 수입해 먹고 있으니 지혜가 어두워지는 것이다.

다국적 기업들의 상술과 입김은 우리 농촌을 붕괴시키고 환경을 오염시키며 결국 국민들의 건강마저 빼앗고 있다. 이제는 모두가 다 깨어나 지혜로운 우리나라, 건강한 국민, 살기 좋고 행복한 사회를 만들어 나가야 한다.

자연은 늘
속삭이고 있다

사찰 음식이 웰빙에 부응하여 새로운 건강식으로 각광받고 있다. 그런데 왜 사찰 음식이 좋은 것인지에 대하여 영양학적이고 한의학적인 해석만이 있을 뿐, 재료에 스며 있는 정신에 대해서는 소홀히 하는 듯하다.

불가에서는 오신채五辛菜라고 하여 음식에 파와 마늘, 달래, 부추, 무릇 등을 넣어 음식을 조리하지 않는다는 것은 널리 알려져 있다. 익힌 것은 성욕을 일으키고, 생것은 분심分心을 일으킨다고 한다. 사실 오신채는 상징적인 의미일 뿐 자극적이고 매운 음식을 대표한다.

수행을 한다는 것은 분산된 외부지향적 의식을 자신의 내면 쪽으로 돌이켜 세우고 우주의식에 고요히 귀 기울여 집중하는 과정의 연속이다. 이 과정에서 맵고 자극적인 음식 에너지의 파동 정보는 의식을 분산시켜 외부로 향하게 하여 육체의 본능적 감각을 자극해 지혜를 망각하게 한다.

스님들이 즐겨 먹는 음식을 살펴보면, 고수나물과 연근, 우엉, 연꽃차, 죽순, 솔잎, 녹차 등이 있다. 물론 이외에도 많이 있지만, 몇 가지만 예를 들어 설명해본다면 고수의 경우, 특이한 향으로 인해 보통 사람들은 싫어한다. 나도 처음에는 벌레 냄새 같기도 하고, 향수 냄새 같기도 하여 먹기가 거북스러웠다. 보통 사람들이 싫어하는 이 향은 수행의 과정에서 끊기 어려운 육체적 욕망(성욕, 식욕)을 영적 에너지로 전환시켜주는 촉매제 역할을 한다.

녹차는 카페인의 부작용 없이 졸음을 쫓으며 뇌파를 알파파로 유도한다. 분산된 의식을 자연스럽게 집중되게 해주며, 긴장된 몸과 마음을 이완시켜준다. 알파파는 명상의 상태에서 나오는 뇌파로서 이 세상의 수많은 차 중에서 뇌파를 알파파로 유도하는 것은 녹차뿐이라고 한다. 이 차를 즐겨 마시는 스님들의 혜안이 놀라울 뿐이다.

연꽃은 더러운 진흙 속에서도 때 묻지 않는 천상의 꽃을 피우며 인간에게 연근과 연차를 제공한다. 구멍이 있어 비어 있는 연근은 수행의 과정에서 생기는 번뇌를 비우게 하며, 청정하게 핀 연꽃으로 만든 차는 속세의 유혹에 물들지 않는 고결한 정신을 유지하게 한다.

죽순과 대나무는 곧게 자라나며 마디를 이루고 있다. 대나무의 속이 비어 있음으로써 소리를 낼 수 있듯이, 우리의 마음도 비어 있음으로써 신의 말씀으로 채워질 수 있다. 곧은 모습은 바른 자세와 정신이며, 마디는 절제의 미덕이고 조화된 질서를 나타낸다. 하나가 없이 둘이 생길 수 없듯이 마디는 자연에 순응하면서 한 단계 한 단계 진화하는 만물의 흐름을 상징한다.

이처럼 사찰에서 먹는 음식의 각 재료에는 영양학적으로 분석할 수 없는 우주의 정보가 내재돼 있으며, 육체 외에도 인간의 정신에 작용하는 신의 말씀이 들어 있는 것이다.

스님들의 정진精進 중에는 많은 시험이 찾아오고 유혹의 파도에 심신이 표류할 때도 있을 것이다. 그러나 소나무의 변함없는 푸름은 부동심不動心의 아름다움을 선사하며, 곧고 날카로운 모양은 흐트러짐 없는 내면의 집중으로 안내한다.

한 방울의 물에도 천지의 은혜가 스며 있고, 한 톨의 곡식에도 자연의 노고가 담겨 있다고 하였다. 자연의 이런 안배로 인해 수행자의 삶은 늘 활기에 넘치며, 정신을 일깨워 밝음의 세계로 나아가고 있는 것이다.

우리가 태어나서 살아가고 있다는 것은 끊임없는 에너지의 흐름이다. 사람의 세포도 계속 소멸과 재생을 반복하고 있다. 2년에서 7년이면 모든 세포가 변화를 하는데, 이 시기에 우리가 먹는 몸과 마음의 양식, 영혼의 양식은 우리의 세포를 바꾸고 진화시키는 에너지가 된다.

우리는 매 순간 몸과 마음, 영혼 이 3가지 양식을 각각 선택해서 섭취하고 있기 때문에 어제와 오늘, 내일의 내가 똑같을 수는 없다. 기본 코드인 DNA는 같을지라도 이 3가지 양식의 섭취 여하에 따라 세포는 똑같이 복제되지 않은 채 끊임없이 변화하는 것이다.

우리는 자신이 고귀하고 신성한 존재라는, 겸손하면서도 낭낭한 자기 사랑의 자세를 가져야 한다. 누구보다 자신을 존중해 이 세상 최고의 3가지 양식으로 자신의 심신영心身靈을 대접해야 한다. 그래야만 빛과 사랑이 충만한 우주적 존재로 거듭나게 되는 것이다.

생활을 영위한다는 것은 끊임없는 에너지를 쓰고 있다는 것이다. 따라서 우리는 이 에너지를 보충하기 위해 날마다 공기와 물, 음식 등을 섭취하고 있다. 잘 알다시피 빛이나 공기는 1차적 에너지이다. 인간은 이것을 바로 섭취할 수 없기 때문에 식물을 대신 섭취함으로써 빛과 물, 산소 등을 공급받고 있는 것이다.

식물에는 우주의 정보가 들어 있고, 우리는 그것을 섭취함으로써 활기를 찾고 정신을 일깨워 가고 있다. 또한 식물의 에너지와 인체 장부의 에너지가 어떻게 반응하고 어울리느냐에 따라 질병이나 성정 등의 다양한 변화가 나타난다. 이 때문에 질병이 발현되는 현상만 봐도 그 사람의 장부 상태를 알 수 있으며, 성정까지도 유추할 수 있다. 이와 반대로 그 사람의 성정을 보면 장부의 허실과 질병의 암시를 유추할 수 있다. 이 세 가지는 하나로 연결되어 있으며 음식과 마음, 영성의 정도에 따라 모습과 언행도 차이를 보인다.

세상 만물의 색과 향기, 모양은 그 사물의 내면을 반영한다. 사람의 색과 향기는 언행이며, 언행은 내면의 심상을 대표한다. 꽃의 향기가 아무리 아름답다고 하지만 아름다운 심상의 향기를 따를 수 없고, 학의 자태가 제아무리 우아하다고 해도 성인의 모습에 견줄 수는 없다. 우리 인간이야말로 만물의 영장이기 때문이다.

자연의 리듬과
인체 에너지의 흐름

자연은 사계절을 순환하면서 다양한 변화를 연출하고 있다. 이 다양한 변화 속에는 일정한 리듬이 있는데, 지구상의 모든 동식물은 모두 이 리듬에 의지해 생활을 영위해나가고 있다.

사계절의 리듬을 축소하면 하루 24시간의 리듬과 똑같다. 하루살이가 새벽, 오전, 오후, 밤의 리듬을 타고 인간이 느끼는 사계절을 체험하는 것과 마찬가지이다.

동식물은 자연의 리듬에 순응해 삶을 살아가기 때문에 큰 병이 없고 여유롭게 시간을 보낸다. 그러나 유독 인간은 문명의 발달과 급격한 환경의 변화로 인해 원래의 인체 리듬이 자연과 조화를 이루지 못하고 있다. 그래서 심신이 늘 피곤하고 노화가 빨리 진행되고 있는 것이다.

빛이 어둠을 밝히면 인체는 잠에서 깨어나고, 빛이 사라지면 잠드는 것이 자연의 법칙이다. 요즘은 휘황찬란한 네온사인과 작업 시간 연장, TV 시청, 컴퓨터 이용 시간의 급증, 밤늦은 유흥 등의 영향으로 인체의 리듬이 조화를 잃고 있다. 이런 무질서한 생활은 자연과의 고유한 리듬의 부조화를 가져와 인체의 자율신경계를 교란시킨다. 그 영향으로 자율신경은 조화력을 잃어버리고, 무분별한 식탐과 방종에 빠져 귀한 생명력을 낭비하고 있는 것이다.

하루 중 이른 새벽은 자연의 봄과 같다. 만물이 소생하고 성장하듯이, 인체도 이 시간대에 성장호르몬이 많이 분비된다. 새벽에 산모의 분만이 많은 것도 이 때문이다. '잠자면서 키 큰다.'라는 옛말이 있는데 이와 상통하는 원리인 것이다.

아침이 되면 인체는 서서히 혈압과 심장 박동이 증가하면서 하루의 활동을 준비하게 된다.

낮은 자연의 여름과 같다. 자연이 번성하듯 인체도 에너지 흐름이 활발해지고 소화 기능이 왕성해진다. 모든 생물과 세포가 활동을 활발히 하는 시간대이다.

저녁은 가을처럼 하루 일과를 거두고 마무리를 하는 시간이다. 낮 동안 발산했던 에너지를 내적으로 비축하게 되므로 육체적인 일보다는 정신적인 일이 효율적이다. 내면을 바라보고 하루를 정리한다.

밤은 자연의 겨울과 같으므로 인체는 휴식을 원한다. 육체가 쉬는 동안 영적인 에너지가 깨어나서 자연치유력이 극대화된다. 인체는 내일을 위해 원기를 축적하고 정화하며 흐트러진 리듬을 바로잡는다. 배터리를 충전하는 것과 같은 이치이다. 충전이 빨리 된다는 것은 인체의 자연치유력이 강하다는 것이고, 아침이 되어도 상쾌하지 못하다는 것은 자연치유력이 약해진 것이다. 원인은 무절제한 여러 가지 습관과 비타민, 무기질 섭취의 부족에 있다.

좋지 못한 수면 환경은 건강에도 많은 영향을 초래한다. 자주 밤을 새거나 항상 늦게 자는 것은 원기를 소모하고 노화를 촉진해 수명을 단축하게 된다. 그러나 짧은 잠을 자더라도 깊이 잘 수 있다면 잠의 양적인 시간은 중요하지 않다.

밤의 고요한 휴식을 통해 인체는 새롭게 부활한다. 봄이면 새싹이 힘차게 땅을 뚫고 올라오듯이 인간은 새벽이 되면 빛을 감지하고 이부자리를 박차며 일어나게 된다. 빛과 어둠의 리듬으로 인하여 인체는 활동과 휴식의 반응을 하게 되는 것이다.

하루 24시간을 좀 더 세부적으로 풀어보면 다음과 같다.

저녁 7시가 지나면 자연은 어둠에 휩싸이고 인체도 에너지를 갈무리하여 휴식을 준비한다. 이 시간 이후의 과격한 활동이나 음식 섭취는 휴식을 원하는 인체의 각 장부를 다시 사용하게 돼, 장부의 원기를 소모하고 노화를 촉진하며 비만의 원인이 되기도 한다.

7시에서 9시는 술시戌時라 하여 심포경락心包經絡이 활성화되는 시간대로서, 하루의 일을 모두 끝내고 내면으로 마음을 돌리는 시발점이 된다. 밤 9시에서 새벽 1시는 해亥, 자子시라 하여 인체의 원기가 축적되고 영적 에너지가 깨어나는 시간이다. 자정에 제사를 지내는 것도 이 시간대의 우주 에너지가 수水 에너지로 활성화되기 때문이다.

삼초경락三焦經絡의 자연치유력으로 인해 상초上焦, 중초中焦, 하초下焦가 정화되고, 에너지가 잘 흐르게 된다. 그러므로 이 시간대에 휴식을 취해야 인체가 원기를 회복하고, 지혜를 밝게 되는 것이다.

인체는 새벽 3시가 되면 서서히 깨어날 준비를 한다. 봄의 새싹과 같이 부드럽게 천천히 움직이며 여명을 기다린다. 이때는 에너지의 흐름을 좋게 하는 명상이나 요가, 참선 등으로 내적, 외적 여명의 빛이 스며들게 해준다.

3시에서 7시까지는 폐와 대장의 경락이 활동하므로 노폐물을 배설하고, 우주의 맑은 기운을 흡수하는 시간대이다. 오전 7시가 지나면 비로소 빛이 밝아지고 육체적 리듬도 활성화되므로 외부 에너지의 섭취를 요구하게 되고 활동 에너지도 증가하게 된다.

오전 9시부터 오후 3시 사이에는 인체의 혈액순환이 가장 활발한 때이다. 인간의 반사신경이나 폐활량, 힘 등이 우수해진다. 이 때문에 불교에서도 사시巳時 공양이라고 해서 오전 10시에 식사를 하고 있다. 이때가 비장의 경락이 활성화되기 때문이다. 사람은 이 시간대에 가장 왕성하게 활동하고 일한다.

오후 3시에서 5시는 사람의 체온이나 혈압, 맥박 수가 가장 높은 때이므로 과격한 활동이나 감정은 자제하는 것이 좋다. 특히 혈압이 높거나 몸이 쇠약한 사람은 안정적으로 쉬는 것이 좋다. 이때는 방광의 경락이 활동하므로 소변의 양이 증가하고 활동과 음식 섭취로 생긴 노폐물을 청소하게 된다.

오후 5시에서 7시는 가을이자 저녁이다. 활동을 줄이고 내실을 다지는 시간이다. 신장의 경락이 활성화되므로 발산된 기운을 안으로 응축해 에너지를 내적으로 전환하게 한다.

인체는 자연의 빛과 어둠에 순응해 장부의 기능과 에너지의 흐름을 맞춰간다. 옛날에는 해가 뜨면 하루를 시작하고, 해가 지면 활동을 멈추고 고요히 자신을 반성하며 수양하는 시간을 가졌다. 물론 현실 생활에서 이것을 실천하기는 어려운 일이다. 그러나 자연과 인체의 이런 리듬 변화를 알아둔다면 심신과 건강 관리에 도움이 되고, 모든 것을 인체 리듬에 따라 효율적으로 안배할 수 있다.

위의 내용을 계절에 응용하여 나름대로 정리를 해보았다. 즉 하루를 4등분하여 계절의 의미에 맞게 응용했는데 아래와 같다.

하루 중 1/4 : 음악, 독서, 요가 또는 경제적 활동 보조

하루 중 1/4 : 경제적 활동에 전념

하루 중 1/4 : 자기계발, 다양한 경험, 취미생활, 전원생활

하루 중 1/4 : 휴식, 수면, 내면의 성찰(명상, 묵상, 참선, 기도 등)

우리는 새벽부터 일어나 밤늦게까지 일을 하고, 지친 몸으로 집에 돌아오면 가족끼리 대화할 시간도 없이 다음 날 새벽이면 또 다시 지친 몸을 이끌고 직장으로 나간다. 쉬고 싶어도 쉴 수 없고, 아파도 휴식을 취할

여유가 없으며, 정말 하고 싶은 일이 있어도 그냥 맞추며 살아간다.

'다들 그렇게 살아가는데 뭘, 나도 그렇게 그냥 사는 거지.'

그러나 시간은 계속 흘러가고 점점 나이가 들면서 나는 무엇을 위해 살아왔는지, 지금 나에게 무엇이 남아 있는지를 돌아보면 문득 허무함을 느낀다. 아무리 둘러보아도 내 자신을 진정으로 이해해줄 대상이 없을 때에는 지나가버린 시간이 너무 아깝기만 하고 마음에는 후회만이 가득하게 된다.

그렇다면 삶의 가치는 어디에 있을까. 사람은 자신이 진정으로 하고 싶은 일을 할 때 열정적으로 살고, 결과에 관계없이 과정을 즐기며 행복해한다. 가슴은 희열로 차 있고 시간의 흐름도 망각하게 된다.

그런데 그 일이 대중에게 이로움을 주고 지구 전체를 유익하게 한다면 더욱 큰 보람을 느끼며 일할 것이다. 예를 들어 생명과 환경에 이로움을 주는 일, 복지와 평화를 위한 일, 친환경 먹거리 사업, 소명감을 가진 교육 사업, 노인, 고아, 장애인, 환자 등을 위한 봉사와 같은 일들은 자신에게 대의명분을 부여하고 그것을 열심히 행동으로 옮길 용기와 힘을 준다. 개인의 이익이 아니라 전체를 위하고 많은 사람의 유익함을 추구하는 일은 결국 지구의 에너지가 도와줄 것이다.

진인사대천명이라 했다. 사심을 버리고 대중의 이로움을 위해 일을 할 때 하늘은 우리를 도와줄 것이다. 그리고 일에 합당한 능력을 배가시켜주고, 그 일에 도움을 줄 사람까지 안배해줄 것이다.

식물의 에너지

- 뿌리 : 우리를 현실에 뿌리내릴 수 있도록 안정감을 주며, 강인한 의지를 선사한다.

- 줄기 : 밝은 이상을 향할 수 있도록 해주며, 신경과 척추 기능을 시켜 바로 설 수 있도록 돕는다.

- 잎 : 빛을 수용하고 대기 중으로 물을 내어 놓듯이, 인간이 자연과 감응하는 힘을 길러준다.

- 곡류 : 빛과 물의 응축 에너지로써 인체에 활력을 주고 원기를 배양해준다.

- 과일 : 천연의 물로써 인체를 정화하고 단순한 마음과 원만한 성품을 길러준다.

- 종실, 씨앗 : 흰 속살과 검은 껍질은 우주의 근원인 빛과 생명의 잉태 에너지를 상징한다. 그러므로 인간의 근원 에너지를 증폭시키고 뇌와 골수를 가득차게 해준다.

음식 재료 속에 담긴 메시지

- 끈끈한 점액질의 재료는 유연성과 인내력, 지구력을 키워준다(원기 보충).

- 껍질 있는 단단한 열매는 내실을 다지게 하고 정신력을 강하게 한다(면역력 상승).

- 산지에서 자라난 채소는 고난을 이겨나가게 하는 강인함을 심어준다(자연치유력 상승).

- 호도나 콩, 검은색을 띠는 것은 뇌를 튼튼히 하여 지혜를 준다(신장, 방광의 활성화).

- 밝고 향기로운 채소와 과일은 마음을 긍정적으로 이끌어준다(인체 정화 및 에너지 활성).

- 둥글고 노랗고 단 것은 마음을 원만하게 이끌어준다.(비위 기능 향상, 연골 튼튼, 융통성

  배양).

- 해조류와 뿌리음식은 겸손을 가르쳐준다(원기 보충, 정혈 작용).

- 드물게 자라는 재료나 채집하기 힘든 재료는 신이 조금씩 먹으라는 메시지를 주는

  것이므로 많이 먹으면 오히려 역효과가 나타난다(잣, 송화가루, 솔잎 등).

"색재료의 에너지와 정신 작용"

+

"식물의 부위별 에너지와 정신 작용"

PART 02

채식, 영혼의 요리
SOUL COOK

CHAPTER 1

요리의 이치는 자연과 통한다

"세계 평화를 포함한 다른 모든 평화는

인간의 마음가짐에 크게 좌우된다.

채식을 통하여 평화에 대한 올바른 마음가짐을 기를 수 있다.

그리하여 좀 더 나은 생활양식을 이끌어낼 수 있다면

우리는 보다 나은 평화스러운 공동체를 열 수 있을 것이다."

- 우누 전 미얀마 수상

채식 셰프의
요리메모

요리는 자기 마음의 외적 표현이다. 또한 자연의 이치와 마음의 진선미를 색과 맛, 향기의 형태로 그릇에 조화롭게 표현한 종합예술이다. 요리를 개성 있게 만드는 것은 신이 우주를 다양하게 창조한 것과 같은 이치이다.

요리 재료는 요리사의 마음 상태에 따라서 변화를 달리한다. 요리사의 의식 상태에 따라 모양과 에너지 또한 다르게 나타난다. 따라서 똑같은 재료와 양념을 사용하더라도 제각기 표현된 맛과 느낌이 다르다.

요리에도 마음이 있다. 웃는 요리와 슬픈 요리, 화내는 요리, 사랑스런 요리, 평화스런 요리 등 마음이 있는 것이다. 또한 재료에도 맑은 마음,

탁한 마음, 가벼운 마음, 무거운 마음 등이 있으며, 만드는 사람의 마음에 따라 요리가 번뇌의 메시지와 해탈의 메시지, 자유의 메시지, 탐욕의 메시지 등을 전한다.

요리를 만드는 이의 마음이 우주이다. 재료와 나의 상태가 모두 한마음 안에 있으면, 그 요리는 온 우주와 같은 에너지로 충만해 있으며, 요리의 재료는 각각의 고유한 특성을 발현한다.

탐욕과 교만, 부정적 마음으로 만든 요리는 먹는 사람에게 나쁜 영향을 준다. 이때는 에너지의 활성도가 떨어지고, 구토와 어지러움, 설사 등이 나타나기도 한다. 따라서 사랑과 정성이 묘약의 음식이 되는 것이다.

요리 도구와 방법도 중요하다. 똑같은 요리 도구라고 할지라도 요리사의 마음 자세와 숙련에 따라 다르며, 양념의 배합과 순서 등 요리 방법에 따라서 다양하게 표현된다.

음식 재료의 특성이 성격 형성에 영향을 끼친다. 재료마다 고유의 성질과 맛, 향기, 색깔, 형태가 다르며, 이것이 지닌 에너지의 차이가 오장육부에 미치는 영향이 다르다. 먹는 사람의 뇌의 호르몬 상태에 영향을 주어 성격 형성까지 좌우하는 것이다. 특히 질병이 있는 사람은 이 에너지의 특성을 고려해서 섭취하는 것이 좋으며, 전문가의 조언을 받는 것이 현명하다.

음식 에너지에도 맑고 흐림이 있다. 채소와 곡식, 과일은 자연의 순수한 정보가 들어 있으므로 사람의 의식에 긍정적 영향을 주지만, 동물의 고기는 빛→채소→초식동물→육식동물→사람이라는 여러 과정을 거치므로 에너지가 탁하게 된다. 순수한 정보가 한쪽으로 치우쳐도 너무 강하게 작용하기 때문에 섭취한 사람의 의식에 영향을 준다.

예를 들어 타인에게 간을 이식받은 사람은 자신도 모르게 그 간을 기증한 사람의 성격으로 변하는 경우가 있다. 이는 기증한 간 속의 피에 기증한 사람의 성정이 에너지로 기록되어 있기 때문이다. 동물의 고기도 똑같은 이치이다. 눈은 마음의 창이라 하는데, 눈을 기증받은 사람도 상대방의 마음을 받은 것이나 다름없어서 성정의 변화가 나타나기도 한다.

동서양의 요리가 다르다. 서양인은 열성 체질이 많으므로 대체로 시원한 맥주, 냉수, 생채소 등 찬 음식을 좋아한다. 그러나 한국인은 냉성 체질이 많으므로 따뜻한 음식과 보온을 좋아하며, 온돌과 발효음식이 발달하게 되었다. 지금은 육식으로 인한 산성 체질이 많아 찬 음식을 많이 선호하고 있지만.

요리사는 종합예술가이자 의사이면서 건축가이며 음악가이고 미술가이다. 접시 위에 다양한 모습을 연출해 자신의 마음을 표현하고 자연의 색깔을 입히며, 먹는 사람을 배려해야 한다. 이 때문에 요리사는 항상 의식이 청정해야 하고, 이를 위한 자기 관리가 철저해야 한다.

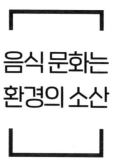

음식 문화는
환경의 소산

음식 문화의 차이는 기후와 생활환경으로 인해 생기고, 어떤 음식이든지 자신의 체질과 성품에 잘 맞도록 발전돼 왔다. 예를 들면 서양은 유목 생활과 목축 환경 속에서 자연스럽게 육식과 유제품의 발전을 가져왔다. 그래서 이들이 먹는 대표적인 요리 재료가 고기이며, 여기에는 우유와 생크림, 맥주, 포도주, 와인, 후추, 향신료 등이 들어간다. 그런데 곡채식을 주로 해 온 한국인이 이것을 그대로 수용해 섭취하면 각종 성인병이 발생하게 된다.

일본의 요리 재료에는 곡채류 외에 생선과 와사비, 식초, 레몬, 무, 간장 등이 있는데, 생선회를 살균하고 잘 소화시키기 위해 와사비와 식초, 레몬, 무 등이 소스 재료로 쓰인다. 습한 환경을 이기기 위해 발산지제인 식품들과 목재 도구가 음식과 주거 생활에 많이 쓰이고 있는 것이다.

동남아 요리는 대부분 향신료가 발달했고, 달고 짜고 시고 매콤한 것이 특징이다. 그 이유는 덥고 습한 날씨 속에서 각종 해충들을 물리치고 사람의 정신을 일깨우기 위해서이다. 특히 식재료가 변질되기 쉬운 환경이므로 방향, 방부제 역할을 하는 향신료가 많이 첨가된다. 땀으로 배출된 향기와 성분은 해충을 쫓아내는 작용을 하고, 달고 매운 것은 더운 환경 속에 지치기 쉬운 폐를 보補하는 작용을 한다. 대표적인 식품이 카레이다.

우리나라 요리하면 발효음식이 떠오르는데 이것 역시 우리의 기후와 문화의 소산이다. 우리나라 사람들은 논두렁에 꼭 콩을 심었는데, 그 이유는 쌀과 콩의 영양 보완성을 위함이고, 상호 교합하여 우수한 종자를 탄생시키기 위한 배려이기도 하다.

발효음식은 재료의 변질을 막고 소화 흡수를 쉽게 하며, 재료의 궁합 이치와 변화 원리를 최대한 이용하여 에너지를 활성화한다. 6.25 당시 사람들은 간장 하나로 끼니를 때우곤 했는데, 이는 발효 간장의 우수한 에너지 성분 때문이다. 발효음식은 인체의 동화 과정을 쉽게 하여 인체 장기의 휴식을 가져와 노화를 방지하는 효과가 있으며, 각종 효소가 인체에 유익한 균들을 성장하게 하여 세포에 활력을 준다. 발효음식은 문화가 발달된 나라에서 나타나는 한 단계 발전된 요리법이다.

식물도 고유한
에너지가 있다

식물은 움직일 수가 없으므로 환경에 적응하기 위해 형태와 색깔, 에너지를 스스로 조절한다. 그러므로 전체를 섭취해야 식물이 지닌 고유의 에너지를 모두 얻을 수 있다.

습지에서 자라는 버섯은 우산 모양을 함으로써 습기를 잘 발산할 수가 있고, 안으로는 열기를 소유하고 있어서 햇빛에 말리면 딱딱해진다. 열악한 내적 환경을 극복한 뒤, 오히려 외면적인 아름다움으로 승화시키는 힘이 있다. 그러므로 버섯류는 인체의 노폐물이나 종양세포를 배출시키는 효능이 우수하다.

보리나 밀은 추운 겨울을 이기기 위해 내적으로 열기를 소유하고 있다. 따라서 반드시 꼭꼭 씹어 먹어야만 인체의 열을 발산해주며, 그냥 급하게 삼키면 오히려 냉기를 더하게 된다.

열대지방이나 더운 곳의 식물은 수분 증발을 위해 잎이 두텁고 뾰족한 모양을 이루고 있으며, 안으로는 서늘한 기운을 가지고 열기를 이겨나간다.

바다와 육지는 서로 음양의 부부로서 존재하는데, 육지가 여름이면 바다는 겨울이 된다. 그리고 육지가 겨울이 되어 먹을 것이 없어지면, 바다는 여름이 되어 맛있고 풍부한 해조류를 우리에게 선물한다. 이것은 인체의 원기를 회복시키고 피를 맑게 하며, 두뇌를 편안하게 하여 미래의 활동을 대비하게 만드는 에너지인 것이다.

식물에도 혈액과 같은 수액의 에너지 흐름이 있기 때문에 이것을 감안해서 칼 썰기를 하면 에너지 손실이 적어진다. 썰어 놓은 김치보다 손으로 길게 찢은 김치가 더 맛있는 이유가 여기 있다.

다양한 레시피도
원리는 다섯 가지

똑같은 재료를 사용하여 요리하더라도 요리 방법이나 응용에 따라서 각기 다른 요리가 연출된다.

칼 썰기에 따라서 모양이 달라진다.

긴 모양과 짧은 모양, 막대 모양, 원형, 얇고 두꺼운 모양 등 각기 다른 형태를 보인다. 이것은 시각적 효과는 물론, 씹는 감촉의 차이를 가져오고, 조미액의 침투를 다르게 해 맛의 차이를 나타낸다. 재료를 결 따라 썰어줌으로써 세포막의 파괴를 막고 감칠맛을 내며, 에너지가 누출되는 것을 방지한다.

예를 들어 양파를 예리한 칼로 썰면 매운 향이 덜하게 된다.

같은 재료라도 요리 방법에 따라 다르다.

튀김, 볶음, 데침, 찜, 무침 등에 따라서 맛과 향, 감촉이 달라진다. 요리 방법에 따라 재료의 에너지가 변화를 일으키기 때문이다.

요리는 재료의 정확한 계량으로 만드는 것보다 눈과 귀, 코, 손의 느낌으로 만드는 것이 중요하다. 또한 요리하는 사람의 성정이나 추구하는 성향이 다르기 때문에 재료와 상황에 맞게 만드는 것도 중요하다.

양념의 다양성으로 요리가 더욱 세분화된다.

매운맛, 단맛, 짠맛, 신맛, 쓴맛, 구수한 맛, 고소한 맛 등의 맛의 구별로써 다양해진다.

비슷한 맛을 내는 같은 양념이라도 재료와 요리의 목적에 따라서 달리 사용해야 한다. 고춧가루는 시원한 맛을 내지만 원기를 함유하고 있지 않은 데 비해, 고추장은 텁텁한 맛을 내면서도 물기를 함유하고 있다. 따라서 재료 특성을 감안해 알맞게 배합하는 것이 중요하다.

단맛을 내는 설탕과 물엿, 올리고당 등도 각각 특성의 차이가 있고, 신맛을 내는 식초와 레몬즙, 매실 등도 차이가 있으며, 매운 맛을 내는 겨자와 와사비, 후추, 고추장, 고춧가루도 마찬가지이다.

또 짠맛을 내는 소금과 간장, 된장이 다르고 향기도 여러 가지가 있으므로 조리를 할 때는 대기묘용對機妙用하는 것이 좋다.

요리 원리 & 레시피 공식

다양한 양념의 특성 + 재료의 특성 = 다양한 맛과 향기 연출

① 재료의 다양성

② 부재료의 다양성

③ 칼 썰기에 따른 모양의 다양성

④ 요리 방법(튀김, 볶음, 찜, 구이, 데침, 무침 등)의 다양성

⑤ 양념, 소스의 다양성

같은 재료라도 위의 다섯 가지 배합에 따라 요리는 하나에서 수백 가지로 분화된다. 결국 오이 하나에서 수십 종의 요리가 분화되고, 가지 하나가 수십 종의 요리로 응용되는 것이다. 그러므로 요리사의 기본 소양과 창조력이 요리 분화의 관건이라 할 수 있다.

요리의 세분화 순서를 정리해보면 먼저 재료의 성질(수분량, 색깔, 맛, 향 등)을 우선 파악하는 것이 첫째이고, 그 재료 특성에 따라 적절한 요리 방법과 부재료를 선정한다. 그리고 요리 방법에 따른 다듬기와 준비 과정을 거쳐 양념을 배합하고 조리한 뒤, 더욱 요리를 돋보이게 하는 데커레이션을 한다. 이렇게 함으로써 동일 재료라 하더라도 다양한 요리로 응용되고 세분화되는 것이다.

요리 다이어리

- 요리를 할 때 가스불을 사용하면 산소는 연소되고, 이산화탄소와 일산화탄소가 계속 나오게 되므로 환기를 한다.

- 녹말은 포도당이 연결된 것이므로 자주 끓여야 그 안으로 열기와 수분이 침투된다. 녹말을 넣어 요리를 할 때는 잘 저어야 눌리지 않으며 덩어리가 생기지 않는다.

- 수입 밀은 단백질 성분이 많아 쫄깃하므로 파스타 등을 삶을 때는 소금을 넣지 않는다. 이에 비해 우리 밀은 상대적으로 단백질 성분이 적으므로 삶을 때 소금을 넣으면 쫄깃해진다.

- 토마토와 가지, 강낭콩, 토란, 파인애플, 망고 고구마 등은 냉장고에 저장하면 변색되거나 물러지기 때문에 피해야 한다.

- 채류는 물기를 차단해서 보관해야 오래가고, 엽채류는 물기를 뿌린 뒤 신문지에 싸서 보관하면 오래간다.

- 나물은 데치면 효소가 파괴되어 변질이 방지되며 보관이 용이하다. 참기름에 무치면 지용성 비타민의 섭취가 용이하며, 햇빛에 말리면 양성 에니지로 변화힌다.

- 썰기와 양념, 조리법, 저장법, 가공법으로 인해 음식의 기질이 변한다.

- 참기름과 참깨, 간장, 된장, 견과류 등은 곡류의 영양이 혹시라도 부족할까봐 하늘이 주신 보너스이다.

- 소금은 요리를 단단하게 하고, 설탕은 부드럽게 만든다.

CHAPTER 2

공식을 알고 나면 요리가 쉽다

"채식하는 사람이야말로

육식하는 사람보다 지구력이 뛰어납니다."

- 미국 예일대 피셔 교수

가장 쉽게
요리를 이해하는 원리

요리 공부를 하다 보면 이론적인 지식을 어떻게 외워야 할지 막연하고, 시간이 지나면 금방 잊어버릴 수 있다. 또 헤아릴 수 없이 많은 요리가 존재하고 있으니 평생을 두고 익혀도 끝이 없는 것 같다. 나도 이 문제에 대해 고심하고 연구하던 중, 수많은 요리의 세계가 수학 공식처럼 몇 가지 원리에 의해 짜인 것을 알게 되었다.

그리고 그 원리에 의해 책을 읽다 보니 쉽게 이해가 되고 금방 외워지게 되었으며, 처음 접하는 요리라도 과정을 배운 뒤 한두 번 실습해보면 쉽게 체득이 되는 것을 알게 되었다. 수학이 아무리 복잡하다고 해도 결국 수의 집합이고 배열이며 '+, -, ×, ÷' 원리이듯이, 요리도 재료와 양념, 요리 방법의 조합이다.

하나의 완성된 요리를 접시에 담게 되면 거기에는 주된 재료가 있고, 음식 고유의 색이 있으며, 보좌하는 부재료가 있고, 그 맛을 결정짓는 포인트가 있다. 예를 들면 다음과 같다.

요리	재료	원리
양장피	양장피 볶은 채식 고기 일반 채소 겨자 소스 노란색 소스	임금 대신(3정승) 백성(신하) 통치 철학 임금의 옷 색깔
김치	배추 파, 갓, 무 찹쌀 풀 마늘, 생강 빨간색 고춧가루	임금 대신(3정승) 백성(신하) 임금의 개성 임금의 옷 색깔
양상추 샐러드	양상추 3색 피망 샐러리, 오이 파인애플 소스 파란색 소스	임금 대신(3정승) 하급 신하 통치 철학 임금의 옷 색깔

이와 같이 모든 요리에는 으뜸이 되는 재료가 있고, 그 재료를 보조하고 조화시키는 부재료가 있으며, 또 그것을 배합시켜주는 양념이 있어 고유의 색깔과 맛을 표현하게 된다. 요리책이나 학원에서 배울 때도 먼저 주재료와 색깔만으로 임금(주재료)이 무슨 옷(색깔)을 입고 있으며, 신하들(부재료)이 누구인시를 본 뒤, 맛을 보고 늘어간 양념을 유주할 수 있게 된다.

이때는 신하(부재료)의 숫자나 화려함이 절대로 임금(주재료)보다 지나쳐서는 안 되고, 주재료의 모양을 따라 부재료도 임금을 보좌하듯이 비슷한 모양으로 자른다. 그리고 각 요리 맛의 포인트는 그 요리의 개성을 결정짓게 되는 것이므로 임금의 풍채에 맞는 옷을 재단하듯이 향과 맛을 고려해 재료에 어울리는 것을 선택한다.

똑같은 재료라도 요리 방법에 따라 그 성질이 변화하게 되는데 응용 방법은 다음과 같다.

성질이 찬 것을 중화시키려면 데치거나 볶음, 튀김으로써 열을 가하고, 따뜻한 성질의 부재료와 양념을 배합한다. 성질이 뜨거운 재료를 중화시키려면 냉동, 냉장시키기도 하고, 서늘한 성질의 부재료와 양념을 배합한다든지 냉채로 응용한다.

재료 고유의 성질을 유지하려면 재료의 특징을 고려해 요리하는 것이 좋다. 예를 들어 인삼은 성질이 따뜻하기 때문에 차가운 성질의 배나 오이를 섞지 않고 요리해야 따뜻한 기운을 그대로 섭취하게 된다. 그리고 물과 불로써 재료의 온도와 수분 상태를 조절하고, 칼 썰기의 조절로 재료의 맛과 질감, 에너지 상태를 가감할 수 있다.

식물은 재배 환경에 따라서 에너지의 차이가 있으며, 재료 부위별 작용이 다르게 나타난다. 특히 식물은 90%가 물로 이루어져 있고, 사람의 의식에 따라 그대로 재료에 반응하므로 절대적으로 긍정적인 요리 태도가 필요하다.

양념의 원리와 순서

요리를 하다 보면 양념 순서에 따라서 재료의 상태가 달라지고 맛도 차이가 나게 되는데, 이는 재료에 따른 양념 고유의 특성이 있기 때문이다. 일반적인 양념 넣는 순서는 설탕, 소금, 식초, 간장, 된장의 순이다.

설탕과 소금

설탕과 소금을 사용할 때는 소금의 분자 크기가 설탕보다 작아서 침투 속도가 빠르므로 조직 중의 수분이 누출돼 맛이 없어지고, 또 조직이 치밀하게 굳어버리므로 다른 양념이 침투하지 못하게 된다. 따라서 조직의 수분을 누출시키고 약간 단단하게 하기 위해서는 소금을 먼저 넣지만, 수분 누출을 방지하기 위해 채소를 볶을 때는 소금을 나중에 넣어야 한다. 대신 침투가 느린 설탕을 먼저 넣어줌으로써 조직을 부드럽게 하고, 다른 양념을 잘 조화시키도록 한다.

소금과 간장

소금은 재료의 향과 맛을 그대로 살려주기 좋은 양념이다. 소금을 넣는 타이밍은 요리에 많은 영향을 준다. 먼저 넣고 조리하느냐, 나중에 넣어주느냐에 따라서 재료의 수분 상태와 열전도율이 달라지므로 맛과 감촉 역시 달라진다. 소금은 재료의 세포막이 열리고 닫히는 정도에 많은 영향을 끼치기 때문이다.

간장은 감칠맛을 내고 싶거나 우엉조림, 콩조림, 표고버섯볶음 등 주재료의 색깔이 어두운 음식에 주로 사용한다. 나물을 무칠 때는 나물의 색이나 향에 따라서 소금, 간장, 된장, 고추장 등을 다르게 배합해야 한다. 쑥갓은 향이 좋고 색깔이 파란 것이 매력인데, 된장이나 간장을 쓴다면 이치에 맞지 않다.

식초와 간장, 된장

식초와 간장, 된장은 오래 끓이게 되면 그 향기가 날라가므로 나중에 넣는 것이 좋으나 간장조림은 예외이다. 재료 특유의 좋지 않은 향이나 맛을 제거하기 위해서는 된장이나 간장을 처음부터 넣어 조리하지만, 재료 특유의 좋은 향과 맛을 살리려면 나중에 간단하게 넣는 것이 좋다.

양념은 재료 상황에 따라서 그때그때 맞게 응용해야 한다. 예를 들어 배추 잎이 벌레가 먹고 색깔도 깨끗하지 못할 경우, 소금으로 무쳐놓으면 그대로 드러나서 보기 흉하다. 이때는 된장이나 고추장으로 양념을 해 감추도록 한다.

채소를 볶을 때는 재료가 70% 정도 익었을 때 소금으로 간을 하는 것이 적당하다. 섬유질이 많은 채소는 소금을 넣고 오래 볶으면 수분이 누출돼 더욱 단단해지므로 잘 조절해야 한다.

음식에도 궁합이 있다

지구상에 존재하는 모든 동물과 식물은 고유의 에너지를 갖고 있다. 그러므로 제각기 빛깔과 모양을 달리하고 발현되는 소리도 다른 것이다. 자연계에 존재하는 에너지는 평등하고 무소부재하지만, 이것을 취하는 자연계의 존재들은 신이 부여한 각각의 창조 설계도에 입력된 프로그램 (유전자 DNA)대로 움직이고 있다. 따라서 식물도 씨앗의 내재된 정보에 의해 자연의 에너지를 취하고 있는 것이다.

그 결과 식물은 다양한 빛깔과 형태를 지니고 있고, 형상과 빛깔, 향기 등이 자신의 특성을 나타내며, 그 안에 내재된 에너지도 제각각 다르다. 음식을 만들 때 이 점을 잘 응용한다면 좀 더 뛰어난 요리사가 될 수 있다. 또한 이를 이용해 인체의 이상을 치료하는 것이 각종 민간요법과 한의학이자, 신약의 원리이기도 하다.

결혼을 할 때 흔히 궁합이라는 것을 보는데, 궁합이라는 말은 서로 다른 에너지 간의 상호작용 원리로 보면 이해될 것이다. 열이 많은 사람이 인삼을 꺼리는 것도 에너지의 관계성이고, 설사하는 사람이 찬 것을 피하는 것 또한 에너지의 관계성, 즉 궁합이다. 이 상호관계성인 궁합은 음식에서도 중요한 부분을 차지하고 있는데, 요리 도구의 선정과 요리 방법, 재료 배합, 양념 첨가, 먹는 방법 등에 응용된다.

요즘 원적외선 방사로 조리를 하는 요리 도구가 많은데, 이것은 요리 도구의 에너지가 요리 재료의 에너지를 활성화시키는 방법이다. 어떤 도구를 사용하느냐에 따라서 요리 재료의 상태가 조금씩 달라진다.

옛날 우리 조상들이 사용하던 가마솥이 현대적으로 개량된 것이 압력밥솥인데, 철분을 보충해주던 좋은 조리도구였다. 돌에 음식을 구워 먹는 것, 솔잎 위에 음식을 놓고 찌는 것, 숯불 속에 감자와 고구마를 굽는 것 등도 음식 재료에 좋은 에너지를 주기 위한 방법이다.

음식 재료는 제각각의 에너지 특성에 의해 고유의 성질을 소유하고 있다. 두 가지 이상의 재료가 합하여 서로의 에너지를 도와주는 것이 있는가 하면, 반대로 부작용을 일으키기도 하고, 때로는 제3의 화합물을 만들어내기도 한다.

요리할 때도 서로를 돕는 작용을 하는 재료가 있는가 하면, 서로 반대 작용을 하는 것도 있다. 또한 어떻게 배합하느냐에 따라 기운이 상승할 수도 있고 반대로 잃을 수도 있으며, 또 다른 기운으로 변화할 수도 있다.

예를 들어 토마토에 설탕을 뿌리면 비타민B가 소실되는데, 이것은 잘못된 궁합으로 인한 손실을 보여주는 것이다.

오이와 당근, 호박은 무와 궁합이 맞지 않는다. 오이와 당근, 호박을 자르게 되면 비타민C를 파괴하는 효소가 나와서 무가 가진 비타민C를 파괴한다. 따라서 무생채와 무김치에는 오이 대신 피망, 미나리를 사용하는 것이 좋다.

홍차와 곶감, 도토리묵은 꿀과 맞지 않는다. 홍차와 곶감, 도토리에 포함된 탄닌 성분이 꿀 속의 철분과 결합해 타닌산철로 변하기 때문이다. 이것은 체내에 흡수되지 않고 그냥 배설되므로 같이 섞지 않는 것이 좋다.

콩과 치즈도 궁합이 맞지 않은데, 이는 콩 속의 인산과 치즈의 칼슘이 결합하여 흡수되지 않기 때문이다.

미역과 파 역시 궁합이 맞지 않는다. 파의 인, 황 성분이 미역의 칼슘 성분과 결합하여 인체 흡수를 방해하기 때문이다.

이외에도 두부와 꿀을 같이 섭취하면 눈을 상하게 하며, 바나나와 감자를 동시에 섭취하면 종기와 기미, 주근깨가 생긴다.

짠맛을 단맛으로 조절하는 것은 단맛에 짠맛을 견제하는 힘이 있기 때문이다. 초고추장의 경우 고추장의 매운맛과 식초의 새콤한 맛, 설탕의 단맛을 배합함으로써 서로 어울리는 것이다(매운맛과 신맛, 단맛은 서로 중용을 이루고 있다).

칡을 씹으면 단맛이 나듯이, 쓴맛은 오래 지나면 단맛으로 변하는 작용이 있다. 단맛은 모든 양념의 토대로서 다른 양념들을 조화시키고 결합을 시키기 때문에 요리할 때 가장 먼저 넣는 것이다.

냉채를 먹을 때 겨자를 곁들이는 것도 서늘한 재료와 따뜻한 겨자의 성질을 조화시키기 위한 원리이며, 김치를 담글 때는 서늘한 성질의 배추와 따뜻한 성질의 마늘, 생강을 배합함으로써 그 기운을 조화롭게 한다.

- 메밀(-) + 무김치(+) = 메밀국수

- 채소(-) + 고춧가루, 양념(+) = 채소 겉절이

- 여름에는 인체 내부가 냉한 상태(-) + 인삼, 마늘(+) = 삼계탕(속을 데워주는 작용)

- 여름철 더운 날씨(+) + 수박, 오이, 보리밥(-) = 인체 조화(뜨거운 기운 예방)

- 겨울철 추운 날씨(-) + 뿌리음식, 햇볕에 말린 채소, 계피, 생강차(+) = 인체 조화

(냉기 예방)

운동을 하기 전이나 활동이 요구될 때는 매운맛이나 향기 나는 종류의 음식을 섭취하면 혈액순환을 촉진하게 된다. 그리고 의식을 외향적으로 전환시키며, 에너지를 팔다리와 표피로 보내는 역할을 한다. 그러나 명상이나 설계, 사색 등 고요한 시간이나 집중이 요구될 때에 이런 음식은 오히려 부작용을 일으킨다.

활동하고 난 뒤에는 근육이 피로해지고 에너지가 부족하며 전해질이 많이 배출된 상태가 된다. 따라서 근육의 피로를 풀어주기 위해 신맛의 재료를, 에너지를 보충하기 위하여 당분(탄수화물)을, 그리고 전해질을 보충해주어야 한다. 채소 샐러드와 새콤달콤한 소스, 오미자차, 과일 주

스 등이 보충음식으로 좋은 예이다. 예를 들자면 끝이 없으므로 각자 이 원리를 잘 이해해서 응용하면 된다.

음식 궁합이 잘못되었다고 해서 곧바로 질병이 드러나는 것은 아니다. 잘못된 음식궁합은 인체에서 특수한 화학 반응을 일으키게 되고, 가스가 차거나 소화불량, 메스꺼움, 피로감 등을 일으키며, 이것이 장기화되었을 때 세포의 노화와 면역력 저하를 초래하게 된다. 그러므로 음식은 단순하게 이치에 맞게 먹는 것이 좋다.

음식 먹는 방법에도
순서가 있다

먼저 음식을 먹기 전에는 물을 많이 먹지 않는다. 이는 위액이 희석돼 소화를 더디게 하고 무리를 주어 인체 에너지를 소모시키기 때문이다. 대신 음식을 먹기 전에 간장과 된장 등의 간기를 조금 섭취하여 식욕을 당기게 하고 위액을 분비시킨다. 위액은 염분의 적절한 섭취로 분비가 촉진되는데, 너무 싱겁거나 짜게 먹어도 위장 기능이 약해질 수 있다. 특히 한국인은 곡채식 위주의 식단이므로 적절한 염분 섭취를 해야 채소의 냉기를 조화시킬 수 있으며, 소화를 잘 시키게 된다. 또한 적절한 염분 섭취는 인체의 염증을 예방하고, 적절한 삼투압을 유지하게 한다.

다음으로 따뜻한 죽이나 탕으로 속을 풀어 놓는다. 따뜻한 탕이나 부드러운 죽을 먹어 위장에 본격적인 식사가 시작되는 것을 알린다. 장아찌를 먹어 식욕을 돋우고 전해질을 섭취하는 방법도 있다.

죽을 먹고 나면 새콤달콤 그리고 매콤하게 만든 채소 샐러드나 냉채를 섭취한다. 이 3가지의 맛을 내는 푸른색 채소들은 식욕을 자극하고 위뼈의 혈류를 증대시켜 소화를 촉진한다. 자동차로 비유하면 마치 시운전을 하는 상태와 같아서 오장육부의 신경과 근육활동을 촉진한다.

그리고 구수하고 고소한 맛을 가진 음식을 섭취한다. 단백질 음식을 적절히 섭취하되 부드럽고 영양이 조화된 것이 좋으며, 붉은색 재료들이 적절히 가미된 것이 좋다.

본격적인 식사로서 잡곡밥과 뿌리채소, 녹황색의 해조류, 채소, 콩 등을 잘 섞어 먹는다. 식사를 할 때 밥과 과일을 같이 섭취하게 되면 가스가 발생할 수 있으므로 과일은 식후 1~2시간 후에 먹는 것이 좋다. 음식물의 흡수되는 시간 차이로 인해 과일의 당질이 발효되기 때문이다.

단맛이 나는 밥은 포만감과 활동 에너지를 제공하고, 섬유질은 에너지의 흡수를 조절하며, 소화 과정에서 발생하는 노폐물을 배출한다. 숭늉의 쓴맛은 밑으로 하강하는 작용이 있어 소화불량을 방지하고, 밥과 조화를 이루어 체기를 방지한다.

식사를 끝내고 나면 물이나 과일은 많이 먹지 않는다. 이는 소화액을 희석해 소화를 더디게 할 뿐 아니라 노화를 촉진시키기 때문이다. 식후의 복잡한 생각이나 업무는 두뇌에 피가 몰려 소화를 방해하므로 약 30분 정도 여유로운 마음과 자세로 걷기를 하면 맑은 산소가 흡입되어 소화가 촉진된다. 아울러 식사 전에 음식을 주신 대자연에게 감사의 기도를 드리고 먹는다면 음식에 한결 에너지가 충만해질 것이다.

성장과 상황에 따른
맛의 다양한 변화

어린이는 정신과 육체가 빠르게 성장하므로 에너지원이 되는 단맛과 유연성을 길러주고 성장을 촉진하는 신맛을 선호한다. 이런 어린이에게는 김치와 된장, 간장 등 발효음식이 위장을 튼튼히 해주고 면역력을 높여주기 때문에 어릴 때부터 잘 먹는 습관을 기르도록 하는 것이 바람직하다.

청소년은 새콤달콤하고 담백한 맛을 선호하며 외적으로 화려하게 생긴 요리를 좋아한다. 한창 성장기에는 장년기보다 단백질과 지방을 조금 더 섭취해도 무방하지만, 반드시 충분한 섬유질을 섭취해야만 밸런스를 맞출 수 있다.

장년기는 기운이 쇠퇴하기 시작하므로 식욕을 촉진하는 천연의 짠맛을 약산 선호하게 된다. 짠맛은 소화액을 잘 분비하게 하며, 인체의 수분이 마르는 것을 방지한다. 그러나 지나친 짠맛은 건강을 해치므로 유의

해야 한다.

장년기는 신맛을 기피하게 되는데, 오히려 조금씩 섭취해야 노화를 방지하고 인체를 유연하게 한다. 특히 발효음식인 콩과 된장, 김치 등이 건강에 유익하다.

건강한 사람은 담백하고 신선한 것을 좋아하며, 성정이 치우치거나 인체 밸런스가 깨진 사람은 자극적인 음식을 좋아한다. 그러나 인체가 조화롭게 되면 다시 담백한 음식을 좋아하게 된다.

맛의 느낌

재료와 조리 방법에서 나타나는 시각과 촉각, 과거의 경험 및 현재의 마음 상태 그리고 식사를 할 때 음악과 조명, 장식 등의 분위기적인 요소는 똑같은 요리라도 맛의 느낌은 다르게 작용한다.

온도에 따른 맛의 차이

따뜻한 음식은 60~70°C, 차가운 음식은 5~12°C 사이에서 가장 이상적인 맛을 느끼게 한다.

짠맛

따뜻할 때보다 식으면 상대적으로 더 짜게 느껴진다. 찌개나 국을 끓일 때는 이 점을 고려하여 약간 싱겁게 간을 맞춰야 한다. 먹는 타이밍에 따라서 맛이 변하는 것이다.

단맛

인체의 체온과 비슷한 35°C 전후에서 가장 잘 느껴지는데, 너무 뜨겁거나 차가우면 잘 느끼지 못한다. 아이스크림이 녹으면 아주 달게 느껴지는 것도 차가울 때는 미처 단맛을 느끼지 못했기 때문이다.

신맛

온도와 무관하지만 다만 휘발성이 있으므로 요리의 마지막 과정에 넣는다. 처음부터 신맛을 넣고 싶으면 레몬을 썰어 넣는 것이 좋다. 새콤달콤한 소스를 차갑게 하면 단맛보다는 신맛이 강해진다.

쓴맛

음식이 식으면 더 강하게 느껴진다. 그래서 옛날 어머니들은 아이에게 한약을 따뜻하게 해서 먹였다.

요리 과정을 통해 얻는 6가지 지혜

요리를 하는 궁극적인 목적은 무엇일까.

우리가 살아가는 모든 행위와 과정 속에는 우리의 영혼이 성장하려는 의지가 깃들어 있다. 우리에게 주어진 역할이나 환경은 우연이 아니라 자신을 일깨우기 위한 영혼의 성숙 과정인 것이다. 다도茶道나 서도書道, 무도武道 등을 도道라 하듯이 요리의 과정에도 진리의 메시지가 담겨 있다.

요리는 먼저, 상대를 배려하는 마음과 희생의 자세로써 요리를 하게 되므로 아상我象=에고을 지우는 데 도움이 된다.

둘째, 많은 이에게 식사를 제공함으로써 전생에 놀고먹은 게으름의 빚을 청산하는 기회의 장場이 된다.

셋째, 인간이 진화하는 데 꼭 필요한 육신을 보존할 수 있게 하고, 미래의 여러 성인들에게 대접하는 기회이다.

넷째, 요리의 일사분란한 과정과 색, 맛, 향의 조화를 위해서는 마음을 하나로 모아야 하므로 저절로 번뇌가 사라진다.

다섯째, 요리의 깊은 이치를 앎으로써 저절로 자연과 인체의 이치를 헤아리게 된다.

여섯째, 마음을 비워야 진정한 재료의 특성이 발현되므로 마음의 비움이 이루어진다.

맛있게 요리를 하고 직업적인 사명감도 중요하지만, 궁극적인 요리의 참뜻은 '요리'라는 행위를 통해 '참 나'를 알아 가는 방편으로 삼는 것이다. 이때의 요리는 단순한 조리 행위를 벗어난 성스러운 구도求道의 방편이 될 수 있는 것이다.

요리사라는 직업이 힘이 들고 과거에는 천하게 인식된 것이 사실이다. 예로부터 의사 중에서 상의上醫에 속하는 것이 식의食醫라고 하여 음식의 중요성을 강조해 왔으니, 요리사의 역할이 무엇보다 중요하다고 하겠다. 따라서 끊임없는 연구와 노력, 그리고 마음의 비움이 요리사의 올바른 자세이다.

음식과 조리의 기본 원리

- 채소의 잎 부분과 뿌리 부분을 배합해서 조리한다.

- 귀하거나 구하기 어려운 재료는 한꺼번에 많이 먹지 않는다.

- 제철이 지난 음식은 한꺼번에 많이 먹지 않는다.

- 색깔과 맛을 적절히 배합하되, 천연 단맛과 노란색으로 중화시킨다(한약을 지을 때 감초의 역할과 비슷).

- 찬 재료를 따뜻한 재료로 배합하고, 따뜻한 것은 시원한 재료와 배합한다(중화를 목적으로 하는 궁합일 때).

- 채소, 과일은 곡류의 배합으로 영양을 조화시킨다.

- 물기가 많은 것은 건조한 재료와 배합하고, 떫은맛과 지방질은 섞지 않는다(떫은 감과 기름은 궁합이 맞지 않음).

- 재료의 가공 방법과 발효 과정에 따라서도 에너지의 상태가 변한다.

CHAPTER 3

분위기와
음식

감정의 잦은 변화는 인체 내에서 바람을 일으킨다.

그리고 심해지면 태풍처럼 작용해 혈관의 벽을 무너뜨린다.

바다가 태풍과 비바람을 포용하듯이 넓고 깊은 마음은

감정의 날씨를 감싸 안는다.

이로써 오장육부에 평화가 깃들게 된다.

장식(裝飾)의 요령

장식은 요리의 완성 단계로서 한층 더 요리의 맛과 느낌을 좋게 하며, 식사를 즐겁게 만들어준다. 장식을 할 때는 계절감을 중시해서 요리를 아름답게 살릴 수 있도록 해야 한다.

그릇의 선택 방법

자기磁器는 광택이 있고 청결하며 차가운 느낌을 주기 때문에 초회와 냉채, 샐러드, 겉절이, 무침 등의 요리에 어울린다. 도기陶器는 부드럽고 따뜻하며 차분한 느낌을 주므로 조림이나 튀김, 구이에 적당하다.

여름에는 유리나 투명한 제품을 적절히 사용하고, 겨울에는 색이 진하고 따뜻한 도기를 사용하면 운치가 있다.

그릇을 선정할 때는 요리를 살릴 수 있는 색을 선택하고, 알맞은 두께와 무게, 감촉, 형태 등을 고려해야 한다. 그리고 직선이나 곡선 등의 윤곽도 생각해야 한다.

입을 대고 먹는 국이나 탕 그릇은 입이 닿았을 때 느낌이 좋은 재질이 좋다(나무). 쇠로 된 것은 열전도율이 빨라 손과 입을 데기 쉬우므로 피하는 것이 좋으며, 분량은 그릇의 6~7할 정도가 적당하다. 향이 나는 허브 잎 등을 띄울 때는 뚜껑을 덮어 향이 날아가지 않도록 하여 뜨거울 때 제공한다.

접시에 향이 나는 식초나 기름을 조금 바르고 샐러드를 담으면 향내가 스며들어 좋다. 샐러드용 접시는 나무나 유리그릇이 좋다. 용기가 납작하면 입체적인 장식으로 산과 계곡 등을 만들고, 작고 깊은 용기일 때는 중앙을 높게 하여 맨 윗부분에 부속재료를 놓는다.

차가운 요리는 차가운 접시와 재료를 사용하고, 뜨거운 요리는 뜨거운 접시와 재료를 사용하는 것이 일반적이다.

장식 요령

음식의 양은 그릇에 대비하여 약간 적게 담가야 식욕을 돋우고, 비어 있는 공간이 있어야 아쉬움과 여운을 남겨 다음 요리에 대한 기대감을 불러일으키게 된다.

계절 감각을 중요시하여 제철나뭇잎이나 꽃 등을 이용하되, 장식품이 주요리의 색이나 모양을 압도해서는 안 된다. 주요리를 살리고 운치 있게 장식해야 한다.

색이나 맛이 너무 혼란스러우면 안 되고, 장식이나 부재료가 주재료를 뛰어넘어서도 안 된다. 간결한 색은 깔끔하고 고급스럽게 보이고, 너무 많은 색의 사용은 오히려 요리를 난잡하게 하여 식욕을 떨어뜨린다.

무침이나 채식 초회 등은 재료에서 수분이 나오므로 손님에게 제공하기 직전에 요리하는 것이 좋으며, 성질이 서늘한 요리에는 생강채나 겨자 소스를 곁들이는 것이 좋다.

찜 요리는 빨리 식으므로 중앙에 오목하게 뭉쳐 담고, 튀김 요리는 기름이 배어 나오므로 기름종이를 밑에 깔고 담아야 하며, 레몬이나 무, 생강 등을 곁들여 느낌함을 배제한다.

생선 등 구이 요리는 주로 도기 종류가 적당하고, 납작하면서 두께가 어느 정도 있는 것이 보기 좋다.

냉채 등은 납작한 접시를 사용하고, 접시를 차갑게 한 뒤 요리를 담아 내거나 냉장하였다가 제공한다.

장식은 자연의 모습을 잘 관찰하는 것이 요령이다. 전체 모습과 배치된 조화, 색깔의 조화 등을 잘 관찰하고, 그 대상의 마음을 느끼도록 노력하는 것도 좋다. 자연에서 배우고, 요리 도중 느껴지는 영감을 요리에 불어넣을 때, 하나의 완성된 요리가 되는 것이다. 즉 요리사 각자 마음의 표현으로써 하나의 예술품이 창조된다.

색과 음악에
따른 분위기

색

핑크색, 적색, 황색, 녹청색은 식욕을 돋우고(밝은 황색, 밝은 녹색), 겨자색, 올리브색, 보라색, 황록색, 자색, 회색(어두운색)은 식욕을 떨어뜨리는 색깔이다. 식탁 위의 꽃병과 테이블보도 잘 골라 사용해야 한다.

음악

빠른 음악(행진곡, 댄스음악, 타악기적 강한 자극)은 마음을 흥분시키고 급한 마음이 들도록 하여 평화로운 분위기를 저해한다. 느리고 밝은 음악은 음식의 맛을 음미하게 해주고, 조용히 대화하는 분위기를 즐길 때에 필요하나.

식탁의 분위기(향기, 정리정돈)

허브류의 꽃이나 화병을 장식하여 공기를 향기롭게 하면 한결 식탁의 격을 높여준다. 특히 레몬, 페파민트 등의 상큼한 향은 기분을 상승시키고 식욕을 촉진하며, 라벤더, 로만캐모마일, 사이프러스 오일 등은 소화 촉진에 좋은 향이다. 특히 음이온은 인체에 활력을 주어 피로감을 덜어주므로 음이온을 방출하는 화병을 식탁에 놓아두면 분위기가 좋아진다.

식탁 위와 화병이 청결하게 정리정돈이 되어 있어야 마음이 평안해진다. 그리고 뾰족하거나 날카로운 부분을 제거하여 위험을 방지하도록 한다.

CHAPTER 4

채식 셰프의
요리 조언과 Tip 1

먹거리는 육체를 잘 보존하게 하고, 육체는 지혜를 꽃 피우게 한다.

올바른 먹거리는 지혜의 향기를 더욱 아름답게 풍기게 한다.

맛있는밥짓기

밥을 지을 때 다시마 한 조각이나 소금, 원당, 오일 등을 조금 넣으면 윤기가 흐르고 밥맛이 좋다. 특히 묵은 쌀은 이렇게 밥을 하면 좋다. 빈 공기를 넣고 밥을 지으면 그곳에 밥물이 고이는데, 허약 체질이나 아기에게 좋은 영양 성분이 된다.

된밥과 진밥을 동시에 지으려면 쌀을 한쪽으로 몰아 물 위로 올라오게 하면 그 부분은 된밥이 되고, 물에 잠긴 부분은 진밥이 된다.

한 솥에서 밥과 미음을 동시에 지으려면 밥물을 조금 많이 잡은 뒤 안쳐 놓은 쌀 위에 쌀알이 들어가지 않을 정도로 빈 공기를 넣고 밥을 짓는다. 이때 밥을 하는 과정에서 밥물이 빈 공기 속으로 들어가 미음이 만들어진다.

먹다 남은 밥은 냉동 보관해야 오래가고, 밥에서 탄 냄새가 날 때는 숯을 한두 덩이 넣고 뚜껑을 닫아 두면 숯이 냄새를 흡수한다.

찬밥을 찔 때 물에 소금을 조금 풀고, 깨끗한 행주로 밥을 감싼 뒤 찌면 행주가 수분을 흡수하여 알맞게 부풀어 오른다.

신선한 채소 고르기

호박은 단단하고 무거워야 좋으며, 울퉁불퉁하고 꼬불꼬불한 것은 좋지 않다.

무는 잎 하나를 하단에서 잘랐을 때 하얗게 되어 있으면 바람이 든 것이며, 파랗고 생기가 있어야 속이 꽉 차 있다. 두드려서 통통 소리가 나도 바람이 든 경우이다. 무의 잎사귀는 비타민이 많으므로 기름에 볶거나 졸여서 먹고, 머리 부분은 단단하므로 된장국에 사용한다. 몸통은 단맛이 강하므로 국이나 조림에 사용하고, 뿌리 쪽은 매운맛과 쓴맛이 강하므로 절임에 사용한다. 봄, 여름에 출하되는 무는 수분이 위로 올라가 있기 때문에 가늘고 연하며, 가을에 출하되는 무는 수분이 아래로 내려오기 때문에 크고 굵은데다가 수분과 단맛이 많다.

당근은 비타민을 파괴하는 성질이 있으므로 조리할 때 별도로 미리 데치거나 볶아 두었다가 사용한다.

죽순은 희고 통통한 것이 좋으며, 누른 것은 오래된 것이다.

오이는 색이 짙고 통통하며 눈이 거친 것이 싱싱하다. 위아래의 크기 차이가 많이 나면 씨가 많다.

채소는 칼보다 손으로 뜯는 것이 좋다. 칼로 잘린 단면은 쉽게 산화되어 비타민이 손실되고, 기氣가 빠져나간다.

가지는 진한 보랏빛을 띠고 윤기가 나며 표면에 탄력이 있는 것이 싱싱하다. 꼭지에 가시가 많으면 안에 씨가 많다.

고추는 껍질이 탄력 있고 윤기가 있으며 표면이 매끄러운 것이 싱싱하다.

양배추는 모양이 고르고 둥글며 들어봐서 묵직한 것과 바깥쪽이 짙은 녹색을 띠고 있는 것이 좋다.

시금치는 잎이 좀 두껍고 선명한 녹색이며 길이가 짧은 것이 달고 맛있다.

채소의 보관과 관리

채소를 오래 보관하려면 신문지에 싼 뒤 뿌리가 아래로 오도록 하고 비닐 봉지에 넣어 냉장 보관한다.

시들은 채소를 싱싱하게 하려면 식초, 설탕을 옅게 희석한 물에 15분 정도 담가 두면 살아난다(자연에 순응하는 형태).

채소는 생채식을 제외하고는 찌는 것이 영양과 맛에서 제일 월등하다.

냉동실 속에 있던 채소는 녹이지 말고 바로 끓는 물에 넣어 요리하는 것이 좋다.

겨울철에 배추를 보관하려면 신문지로 3겹 정도 싼 뒤 끈으로 묶어 두고 한 달에 한 번 정도 신문지를 교체하면 오래간다.

쑥을 채취한 뒤 오래 보관하려면 끓는 물에 소다를 조금 넣은 다음 너무 무르지 않을 정도로 삶아서 햇빛에 잘 말린다. 비닐봉지에 보관해 두었다가 필요할 때 더운물에 푹 불려서 사용한다.

브로콜리는 살짝 데친 후 냉동 보관하면 오래 사용할 수 있다.

우엉과 연근은 식초를 희석한 물에 담그면 변색을 막을 수 있으며, 혈액을 정화하고 노폐물을 배출시킨다.

토란 껍질은 끓는 물에 살짝 데치면 쉽게 벗겨진다. 두껍게 벗겨야 진을 없앨 수 있으며, 손이 가려울 때는 식초를 바르면 가려움증이 사라진다.

당근 냄새는 물속에 이틀 정도 담가 두면 없어진다.

도라지는 따뜻한 소금물에 넣어 몇 번 주물렀다가 씻은 다음에 무쳐야 쓴맛이 제거된다.

양배추는 식초를 살짝 뿌린 뒤 소금에 절여 하루쯤 누면 나중에 샐러드나 겉절이, 볶음에 사용할 수 있다.

마른 표고버섯은 물에 불려 사용해야 살아나고, 생 표고버섯은 물에 씻으면 맛과 향기가 감소되므로 깨끗한 젖은 행주로 닦고, 버섯 갓 부분은 툭툭 털어 이물질을 제거한 후 사용한다.

시금치는 무르기 쉬우므로 뿌리가 있는 쪽을 키친타올로 감싸 냉장 보관한다. 싱싱할 때 겉절이를 하면 맛있다.

깻잎은 밀봉해서 냉장 보관하고, 물기에 닿으면 빨리 상하므로 그럴 때는 다져서 깻잎전을 하면 맛있다.

양배추는 잘라 두면 변색되고 곰팡이가 피므로 수분이 닿지 않게 랩으로 감싸 냉장 보관하고, 피클로 만들면 오래 저장할 수 있다. 양배추로 물김치를 만들어 숙성 후 국수를 말아 먹으면 별미이다.

무는 흙이 묻어 있는 채로 신문지로 감싸 서늘한 곳에 보관하고, 장아찌를 담거나 무말랭이를 만들어 놓으면 오래 보관하기에 좋다.

가지는 상온에서 1~2일 정도는 무난히 보관할 수 있으나 오래되면 껍질이 단단해지고 상하므로 수분 없이 냉장 보관한다.

신선한 과일 & 견과류 고르기와 관리

과일은 알칼리성이기 때문에 설탕을 치면 산성이 되어 영양가가 떨어진다.

먹다 남은 바나나는 껍질을 벗긴 뒤 랩에 싸서 냉동 보관한다. 아이스크림도 마찬가지이다.

야외에서 수박을 시원하게 먹으려면 물에 넣은 수박 위에 수건을 덮어 놓으면 골고루 시원하게 된다. 수박을 먹을 때 소금을 찍어 먹으면 더 맛있다.

과일 샐러드의 물기를 없애려면 견과류를 갈아 섞으면 좋다.

잘 익은 포도를 고르려면 포도송이 꼭지 부분을 먹어보고 맛을 가늠한다.

떫은 감을 단감으로 변화시키려면 쌀 속에 20일 정도 묻어 두거나 두꺼운 종이에 싸서 약 10일 동안 놓아둔다.

호두는 무게가 있고 껍질이 튼튼하고 향기가 나는 것이 좋으며, 구멍이 뚫려 있으면 벌레 먹은 것이다. 밀폐용기에 담아 냉동 보관하며 껍질을 벗긴 것은 한 번 데친 뒤 사용한다.

참깨와 통깨는 낱알 크기가 고르고 색이 선명하며 윤기가 나야 좋은 것이며, 볶지 않고 기름을 짜서 먹으면 건강에 이롭다. 거피한 것은 냉동 보관하고, 기름은 어둡고 시원한 곳에 보관한다.

은행은 크기가 고르고 향이 나며 윤기가 나는 것이 싱싱하다. 껍질이 벗겨지거나 깨진 것은 곰팡이가 피기 쉬우므로 구입할 때 잘 관찰해야 한다. 손질 후 밀폐용기에 담아 냉동 보관한다.

밤은 알이 통통하고 표면에 윤기가 나야 싱싱하며, 위생팩에 담아 냉동 보관한다.

김치 담그기와 숙성

깍두기는 단단한 재래종 무가 좋으며, 동치미 무는 작고 둥근 것이 좋다. 담글 때 껍질에 상처를 내면 무 속으로 물이 들어가 빨리 물러져서 군내가 발생한다. 배도 껍질째 넣어야 맛있다.

김장을 하고 나서 위에 덮는 우거지는 두껍게 빈틈 없이 덮어야 쉽게 물러지지 않고 오래간다. 대나무 잎을 넣어 덮어 두면 김치 맛과 국물 맛이 좋아진다.

김치를 담글 때 넣는 양념은 마늘을 많이 넣으면 군내가 나고, 파를 많이 넣으면 빨리 시게 되며, 생강을 많이 넣으면 쓴맛이 난다. 배추 다섯 포기 정도에 마늘 한 통, 파 한 줌, 생강 한 뿌리 정도가 적당하다.

고춧가루의 빛깔을 좋게 하려면 김장 전날 따뜻한 물에 개어 불려 두었다가 사용하면 된다.

김장김치를 항아리에 보관할 때 빨리 시어지는 것을 막으려면 장독 밑에 10cm 두께로 밤 잎이나 도토리 잎을 말아주면 된다(김치의 신맛은 산성 + 밤 잎, 도토리 잎은 알칼리 = 중성으로 중화).

김치는 산성화된 체액을 약알칼리성으로 되돌려주는 역할이 있기 때문에 가능하면 산성인 젓갈 없이 담그는 것이 현명한 방법이다.

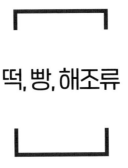

떡, 빵, 해조류

갓 뽑아낸 가래떡을 칼에 눌러 붙지 않게 썰려면 토막 낸 무에 칼을 문지르면서 썰면 괜찮다.

부드러운 빵을 매끈하게 자르려면 칼을 불에 달궈 자르면 된다.

샌드위치에 수분이 누출되는 것을 막으려면 빵 표면에 채식 버터나 마가린을 발라 유막을 형성시키면 채소나 소스의 수분이 빵으로 스며들지 않는다.

좋은 김은 물에 넣었을 때 흐물흐물하게 녹으며, 물이 탁해지지 않는다.

김이나 과자, 소금 등이 눅눅해지면 게르마늄 통에 담은 후 전자레인지에 돌리면 바싹거리고 고슬고슬해진다.

김을 잘 구우려면 기름을 바른 뒤 20분쯤 후에 굽는 것이 좋으며(약불), 거친 부분을 밖으로 향하여 접어서 구우면 김의 향이 달아나지 않는다.

많은 양의 김을 한꺼번에 구우려면 알루미늄 도시락 안에 김을 차곡차곡 넣은 후 뚜껑을 덮고 약한 불에서 2~3분가량 굽는다.

구운 김은 비닐봉지에 넣어 비비면 쉽게 김 가루를 만들 수 있고, 구운 후 따뜻한 곳에 보관해야 바싹거림이 오래간다.

마른 김은 건조하고 어두운 곳에 보관해야 오래간다.

좋은 미역은 줄기가 가늘고 잎이 넓으며 촉감이 부드럽다. 마른 미역은 잎의 비중이 크고 검은색을 띠며 윤기가 돌고, 물에 담갔을 때 잎이 조각조각 풀어지지 않아야 좋다.

미역이나 다시마에 곰팡이가 슬면 소금물에 담가 잘 씻은 후 그늘에서 바삭해질 때까지 말린다. 마른 다시마는 식초 물에 잠깐 담가 두면 제 모양을 찾는다.

기타

씨앗, 곡식은 통풍이 잘 되고 습기가 없는 어두운 곳에 보관해야 한다. 마늘을 쌀통에 넣어 두면 벌레가 생기지 않는데 이것은 마늘의 살균 작용 때문이다.

감자 무리 속에 사과를 넣어 두면 싹이 나는 것을 방지하며, 썰어 놓은 감자는 식초를 탄 물에 넣어 두면 변색되지 않는다.

쌀뜨물은 비타민과 전분질, 지질이 풍부하므로 각종 국이나 찌개의 국물로 사용하고, 쌀뜨물로 우엉, 죽순을 데치면 떫은맛이 제거되며, 기름기나 냄새 나는 그릇을 닦으면 지워진다.

두부의 물기를 제거하려면 깨끗한 행주나 가제로 두부를 감싼 다음 무게가 나가는 물건을 2시간 정도 올려놓으면 된다(두부 요리에 응용).

캔 제품을 사용할 때 개봉 후에는 반드시 내용물을 유리나 사기그릇으로 옮겨 보관해야 한다. 주석 성분이 산화되어 인체에 구토, 마비, 칼슘대사 이상을 일으키기 때문이다.

감자나 고구마를 냉장고에 보관하면 맛이 떨어지고, 무는 투명하게 변하며, 바나나는 검게 변색된다.

커피가루가 오래되었을 때 프라이팬에 약한 불로 볶으면 향이 살아난다.

홍차는 반드시 팔팔 끓인 물을 넣어 우려야 붉은 색깔이 제대로 나온다.

보리차는 소금을 조금 넣고 끓이면 맛과 향기가 좋아지고 보리의 차가움이 중화된다.

입 안의 마늘 냄새는 녹차를 마시거나 녹차 잎을 먹으면 사라진다.

더운 여름 갈증이 심하면 냉수에 레몬즙을 몇 방울 떨어뜨려 먹으면 괜찮아진다.

채식의 실천 요령

- 채식을 실천하는 동호회나 인터넷 카페에 가입해 정보를 나누고 서로 의지하며 격려한다.

- 모임에 직접 나가 교류하면 믿음이 생기고 뜻을 같이 하는 사람이 있기에 흔들리지 않는다.

- 채식 요리를 배우는 것이 좋다. 인터넷 사이트, 사찰 요리학원, 채식 식당, 채식 요리 서적을 참고하여 자신에게 맞는 방법을 찾는다.

- 채식을 하는 올바른 개념과 대의명분을 정립한다. 채식이야말로 지구를 살리고, 생명을 존중하며, 나를 진정 사랑하는 행위라는 확실한 대의명분으로 무장을 해야 자랑스럽고 당당한 채식인으로 서게 된다.

- 채식으로 긍정적으로 변한 신체적, 심리적, 영적인 상태를 직접 느끼고 체험한다. 그래야 말을 해도 힘이 있고, 진실성이 있다.

- 채식을 하되 융통성과 임기응변이 있어야 한다. 상대가 무안하지 않게, 소외되지 않게, 때로는 거부감을 느끼지 않도록 배려해야 한다.

- 채식과 환경에 관한 새로운 정보를 접하며 적극 알려서 주위 사람들이 채식을 실천하게 한다.

CHAPTER 5

채식 셰프의
요리 조언과 Tip 2

최고의 치료는 예방이다.

예방은 생활 습관의 절제와 조화에서 비롯된다.

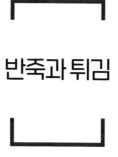

반죽과 튀김

밀가루 반죽을 쉽게 하려면 대강 주물러 반죽한 뒤 비닐봉지에 20분가량 싸둔 뒤 다시 제대로 반죽하면 부드러워진다.

밀가루 반죽할 때 콩가루나 자기가 원하는 여러 가지 가루를 넣으면 색과 맛, 영양을 첨가할 수 있다(채소즙, 해초가루, 견과류 등).

튀김을 할 때 재료에 수분이 많을 때는 전분가루를 묻혀 수분 누출을 막은 뒤 튀김옷을 입히고, 재료에 수분이 없을 때는 바로 튀김옷을 입히면 된다.

튀김옷은 튀김하기 직전에 입혀야 전분이 형성되지 않으며, 찬물로 반죽해야 바삭거림이 좋다.

재료에서 수분이 많이 나오면 튀김옷이 쉽게 벗겨지므로 충분히 물기를 제거하고 가루를 묻혀야 한다. 냉동 재료는 가루를 좀 더 두껍게 입혀야 한다.

떡볶이 등의 떡 종류는 폭발하는 성질이 있어 화상의 위험이 있기 때문에 함부로 튀기지 않는다.

여러 가지 재료를 함께 튀길 때는 익는 속도가 비슷한 것끼리 배합해야 한다. 재료의 크기도 비슷해야 동일 시간에 튀겨진다.

감자를 튀길 때는 살짝 삶은 다음 식기 전에 튀겨야 맛있다.

기름 냄새를 제거하려면 파슬리나 무, 감자 등을 넣고 튀긴다.

튀김기름에 불이 붙으면 넓은 채소 잎사귀를 넣으면 꺼진다. 물을 부으면 절대 안 된다.

기름에 물이 들어가 사방으로 튀게 되면 위험하므로 평상시 식빵 부스러기를 옆에 준비해 두었다가 넣으면 멈춘다.

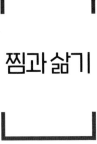

찜과 삶기

감자는 껍질째 쪄야 비타민 손실이 적으며, 맛도 좋고 포실포실하다.

딱딱한 콩이나 우거지를 부드럽게 볶거나 삶으려면 소다를 조금 넣으면 된다.

팥을 삶을 때 맛과 색을 좋게 하려면 물에 담가 두지 말고 바로 삶는다. 다 삶은 뒤에는 국자로 뒤적거려 공기와의 접촉을 많게 해야 팥이 붉어진다.

당면을 삶을 때(잡채) 퍼지지 않게 하려면 먼저 삶은 후 찬물에 헹구고 물기를 빼고 나서 기름을 두른 팬에서 볶으면 오래간다. 약간 칼칼한 맛을 원하면 고추기름을 살짝 넣는다.

고구마, 감자, 무 등은 처음부터 찬물에 넣어 삶고, 잎채소는 물이 끓기 시작할 때 데친다. 물에 오래 담가 두면 수용성 영양분이 누출되기 때문에 유의해야 한다.

무를 삶을 때 가제에 쌀을 조금 넣고 삶으면 쌀의 단맛을 흡수해 맛이 좋아진다.

고구마를 삶을 때 다시마를 넣으면 빨리 부드러워지고, 성냥불을 그어서 고구마 옆에 대었을 때 끝까지 타면 고구마가 완전히 익은 것이다.

콩나물을 삶을 때 소금과 마늘을 넣으면 뚜껑을 열어도 비린내가 나지 않는다.

찌개와 조림,
데치기

찌개는 센 불에서 끓이기 시작해 재료를 투입하면서부터 약한 불로 줄인다.

찌개를 맛있게 끓이는 요령은 먼저 조미료 사용을 적게 해야 담백하고 시원하다.

소금을 먼저 넣으면 재료가 굳어지므로 설탕을 먼저 넣고, 소금은 재료가 유연해진 뒤에 넣는다. 간장이나 된장은 고유의 향이 있으므로 나중에 넣는다.

쌀뜨물을 사용하면 찌개 맛이 더욱 좋다.

찌개에 녹말을 넣으면 온도가 잘 내려가지 않는다.

호박 조림을 할 때 잘못하면 으깨지므로 홍차를 약간 넣고 조리하면 방지할 수 있으며 풍미도 살아난다.

파란 채소는 소금물에 뚜껑 없이 빨리 데쳐야 한다.

진이 없는 하얀 채소는 냄비에 물을 조금만 붓고 뚜껑을 덮어서 데쳐야 한다. 그다음에 소쿠리에 담아 실온에서 식히면 맛이 유지된다.

진득이는 채소(토마토, 마 등)를 데칠 때 샐러드 기름을 냄비에 두르면 눌러붙지 않는다.

양념

고추는 대체로 둥글고 짧은 것은 매운맛이 덜하고, 가늘고 긴 것이 더 맵다. 껍질이 두껍고 꼭지가 단단히 붙어 있는 것이 좋은 고추이다. 추석 전에 나오는 고추가 김장용 고춧가루로 좋고, 한로寒露 후에 나오는 끝물 고추는 맛이 떨어진다.

고추씨는 빻아서 된장이나 짠지 담글 때, 찌개 끓일 때, 쌈장 만들 때 사용하면 구수하고 얼큰하다.

고추장용 고추는 씨를 빼고 빻아야 곱지만, 그 외의 용도는 씨와 같이 빻아 사용해야 양도 많고 맛도 좋다.

고추장의 간이 싱거워 신맛이 돌면 소다를 고추장 한 공기에 콩알 두 개 정도 비율로 넣어 골고루 섞으면 된다.

오래된 된장은 떫고 퀴퀴한 냄새가 나는데, 이때 고추씨를 곱게 갈아 몇 군데 넣어 열흘쯤 뒤에 열면 냄새도 가시고 색깔도 좋다.

좋은 간장은 흰 접시에 간장을 떨어뜨리고 움직였을 때 흐르는 자국이 길게 난다. 물에 간장을 떨어뜨렸을 때 밑으로 내려갔다가 퍼져 오르는 것이 상품이고, 위에서 바로 확 퍼지는 것은 하품이다.

간장에 자른 마늘을 넣고 일주일쯤 지나면 마늘 향이 배인 간장이 된다.

간장독에 마늘을 조금 넣어 두면 곰팡이가 생기지 않는다.

간장은 향이 있어 요리 과정의 마지막에 넣는 것이 원칙이다. 그러나 조림 시에는 처음부터 넣어주며, 성분을 누출시키는 작용을 한다.

소금은 재료를 수축시키는 작용(삼투압 작용)과 단맛을 돋보이게 하는 성질이 있다. 그리고 재료가 부드럽게 익은 후 넣어야 음식 맛이 좋아진다. 수분 누출과 딱딱함이 목적이라면 먼저 사용하거나 재료에 소금을 뿌려 둔다. 소금은 재료가 부서지는 것을 막고, 밀가루의 탄력성을 증진시키며, 소독 작용을 한다.

좋은 소금은 수분 함량이 적어야 하며, 손에 꽉 쥐었다가 놓았을 때 소금이 적게 남을수록 좋은 것이다.

소금간은 차가울 때 강하게 느껴지므로 식혀 먹는 음식은 조금 적게 넣는 것이 현명하다.

설탕은 요리 시 딱딱하게 하는 작용이 있고, 물엿은 재료를 부드럽게 한다. 그리고 짠맛과 신맛을 중화시키며, 양념과 재료를 한데 어우러지게 한다. 말린 재료를 빨리 부드럽게 하려면 설탕을 넣은 물에 불리면 된다 (미역, 표고버섯, 무말랭이 등).

식초는 오이의 쓴맛을 제거하고 다시마 등을 삶을 때 부드럽게 하며, 겨자를 갤 때 넣으면 오래 보관할 수 있다. 즉 식초는 유화 작용, 살균 작용, 방부제 작용 등이 있다. 또한 비타민을 파괴하는 성질이 있으므로 채소나 과일에는 많이 넣지 않는다. 나물 요리는 소금으로 간한 뒤, 식초는 나중에 넣는다. 그리고 여름철 밥통에 밥을 퍼 놓을 때 바닥에 식초 몇 방울을 떨어뜨려 두면 쉽게 상하지 않는다. 식초 담은 병 속에 소금을 조금 넣어 두면 수명이 오래간다.

식용유는 영하 8℃ 이하가 되면 얼게 되는데, 빨리 어는 것이 좋고, 끓여서 거품이 나면 불순물이 섞여 있는 것이다. 음식 조리에는 가급적 질 좋은 올리브유, 볶지 않은 참기름과 들기름 등이 좋다. 식용유는 반드시 서늘하고 그늘진 곳에 공기를 차단하여 보관하며, 한번 사용한 기름은 폐유 처리해야 한다. 또한 악취가 나면 산화된 것이므로 폐식용유와 같이 비누를 만들어 사용하면 옷의 얼룩이 잘 지워진다.

참기름은 소금자루 속에 묻어 보관하면 변하지 않는다.

기타

요리를 할 때 양념은 설탕, 소금, 식초, 간장, 된장, 고추장, 조미료, 참기름, 향신료 순서로 넣는 것이 좋다.

조미료는 열에 약하므로 요리의 마지막이나 불에서 내려놓은 후에 넣어야 제맛을 낸다.

찜에는 설탕을 먼저 넣고 다음에 간장, 소금 등을 넣는데, 그 이유는 설탕이 음식에 배는 데 시간이 더 걸리기 때문이다. 그러나 콩자반에 설탕을 넣으면 딱딱해진다.

음식이 너무 짤 때 두부나 감자를 썰어 넣으면 소금기를 흡수하여 간이 맞게 된다.

레몬의 신맛은 가열해도 변하지 않으므로 신맛을 필요로 하는 요리에 사용하면 좋다. 감기 예방에 좋으며, 기분을 상쾌하게 하고, 탁한 에너지를 씻어 내는 효과가 있다. 또한 레몬은 따뜻한 물에 담갔다가 짜면 쉽게 즙이 짜진다.

연근이나 가지의 떫은맛을 제거하려면 식초나 소금물에 담갔다가 요리하면 된다.

산초가루를 된장에 조금 넣으면 맛과 향이 독특하다. 채식하는 사람이 가끔 먹으면 기생충이나 회충을 예방하며, 기침에 좋다.

오신채(파, 나늘, 달래, 부추, 무릇)나 양파 등 매운맛과 자극성이 강한 양념은 인체 에너지를 외부로 발산시켜 원기를 소모한다. 그러나 병자에게는 약으로 사용할 수 있다.

마늘을 찧을 때 튀는 것을 방지하려면 봉지 속에 넣고 찧으면 된다. 튀김가루와 재료도 봉지에 함께 넣고 흔들면 골고루 묻고 손도 깨끗하다.

일반 식당에서 채식하기

- 육류, 생선이 들어가는 모든 메뉴는 제외한다.

- 음식 주문 시 채식하는 사람이 먹을 수 있는 메뉴가 있느냐고 물어본다.

- 한정식단의 경우 육류, 생선, 계란, 젓갈 등의 동물성이 들어 있지 않은 메뉴를 부탁한다.

- 비빔밥의 경우 육수로 밥을 짓는 경우(특히 전주비빔밥)도 있으니 주인에게 확인한다.

- 비빔밥에는 보통 채썬 육류, 계란 등이 고명으로 나오므로 미리 빼고 달라고 한다.

- 분식점에서 파는 라면, 국수, 만두 등 대부분의 메뉴는 채식이 아니다.

- 쫄면이나 비빔면은 채식일 경우도 있지만 아닐 수도 있으므로 물어본다.

- 갈빗집에 가 보면 채소와 밥, 운이 좋다면 약간의 나물이 있다.

- 물냉면은 육류를 우려낸 육수가 기본이다. 비빔냉면의 소스는 냉면집에 따라 동물성이 들어가기도 하고 안 들어가기도 하기 때문에 꼭 물어본다.

- 된장찌개, 김치찌개, 순두부찌개는 보통 해물이라든가 육수가 들어가는 편이다.

- 채식 식당을 이용하면 편하지만, 일부 식당은 채식이라는 이름을 갖고도 어육을 취급하거나 동물성 조미료, 동물성 재료를 쓰기도 하므로 메뉴나 식당운영방침을 잘 살펴본다.

- 피자의 경우 채소피자 종류를 주문해도 햄 같은 동물성이 들어가므로 미리 확인한다.

- 김밥에는 대체로 햄, 맛살, 계란이 들어간다. 오이, 시금치, 단무지 정도만 넣어 달라고 한다.

- 김치의 경우 대부분 젓갈을 넣는다. 젓갈 넣지 않은 것으로 부탁하거나 백김치, 나박김치 등을 주문한다.

PART 03

영혼의 음식,
SOUL FOOD로의 초대

CHAPTER 1

왜 이제는
'소울 푸드 SOUL FOOD'인가

인간의 이상적인 식사는 곡채식이다.

곡류는 임금이요, 채소와 과일은 신하이다.

우리의 전통 자연식 음식은 지혜로 버무려진 경험과학이다.

인간은 영적, 마음적 그리고 육체적 존재

하늘의 해와 달은 사람의 두 눈이 되어 만물을 비출 수 있고, 대지의 무성한 초목은 사람의 피모皮毛와 머리털이 되었으며, 대지를 흐르는 강과 하천은 사람의 혈맥과 핏줄을 이루었고, 단단한 바위와 돌은 사람의 뼈와 관절을 이루었으며, 비옥한 토지와 산맥은 사람의 피부와 근육을 이루었고, 대자연의 바람은 사람의 호흡이 되었으며, 변화무쌍한 날씨는 사람의 7정七情 : 喜怒憂思悲驚恐을 이루었다.

이것은 사람의 몸과 마음이 자연의 형상과 기운을 본떠서 만들어졌음을 의미한다.

자연은 무한한 세월 속에서 조화를 이루며 운행되고 있으며, 자연의 질서에 순응하며 삶을 살았던 고대의 선인들은 무병장수하였다고 한다. 지금은 사람의 평균 수명이 점점 길어지고 있고, 이에 많은 질병을 정복

했다고 과학과 물질문명의 우수성을 찬양하고 있다. 그러나 삶의 진정한 가치인 행복감과 만족감은 오히려 떨어져서 대부분의 사람이 한두 가지의 질환과 심적 스트레스로 인하여 고통을 받고 있다.

왜곡된 진실이 주인 행세를 하고 있고, 상술로 버무려진 각종 인스턴트 식품이 냉장고를 차지하고 있다. 각종 미디어에서 쏟아내는 불량식품의 홍수로 인해 이제는 물 한 모금 마음 놓고 마실 수 없으며, 국산 농산품마저 불신하는 세상이 되어버렸다.

옛날에는 논에서 일하다가 목이 마르면 그냥 논 주변에 있는 작은 샘의 물을 마시곤 했다. 또는 밭의 오이를 따서 한입 깨물면 상큼한 향과 시원한 맛이 가히 꿀맛이었다. 수박을 개울물에 담가 두었다가 먹으면 그 맛 또한 일품이었고, 아궁이의 숯불에 구워 먹는 감자 맛은 정말 구수했다. 그때를 떠올리면 나도 모르게 미소 짓게 되고, 또 그 맛이 그리워진다. 그러나 지금은 시장에서 아무리 맛있는 것을 사 먹어도 예전의 그 맛을 느낄 수가 없다. 나는 다행히 20년 가까이 농촌에서 자라는 행운을 누렸으며, 이것은 후일 요리 공부를 하는 데 밑거름이 되었다.

대우주를 닮아 창조된 우리 인간의 몸은 말 그대로 완벽한 소우주이다. 그러나 이런 사실을 망각한 채, 자신을 그냥 단백질 덩어리로만 생각하고 행동함으로써 질병과 죽음의 골짜기로 몰아붙이는 사람이 많다.

우리가 삶을 살아가는 데 있어서 많은 것이 필요하겠지만, 무엇보다 가장 중요한 것은 건강이다. 마음의 평화心와 육체적 건강身 그리고 영적 각성靈, 이것을 심신영心身靈의 전인적 건강이라고 한다. 이렇게 전인적 건강이 될 때 우리가 어디에 있든지, 무엇을 하든지 간에 행복하고 만족할 수 있다.

아무리 돈이 많은 대기업 총수라고 할지라도 몸과 마음이 괴롭다면 진정 행복하다 할 수 없고, 지하철 입구에서 옥수수를 팔아도 건강하고 웃을 수 있는 여유만 있다면 진정 행복한 사람일 것이다.

건강은 우리가 먹는 음식이 만든다는 것은 누구나 알고 있다. 1990년대까지만 해도 의사들은 당뇨, 간, 폐 등의 질환에 고단백, 고지방의 육류 섭취를 권장했다. 그러나 요즘은 식물성 단백질과 저지방이 좋다고 권장하고 있으며, 육류 섭취를 줄이라고 말한다.

사실 21세기 이전만 해도 급속한 경제 발전과 더불어 인류의 음식물도 육류와 가공된 정제식품 위주로 발달했다. 그 결과 아이들의 육체 성장 속도는 빨라지고 덩치는 커졌지만, 소아당뇨와 비만, 아토피, 집중력 부족, 성범죄 등이 급증하고 있다. 분명히 의사들과 영양사들이 장려하는 우수한 영양 공급원인 동물성 단백질과 지방을 많이 섭취하는데도 불구하고 왜 이런 현상이 생기는 것일까.

동물성 단백질과 지방은 사람의 외형적 덩치를 키우고 순간적인 힘을 증폭시키는 것은 사실이지만, 이런 식사법은 사실 전쟁과 약탈이 유행하던 중세 시대에나 이울릴 뿐이다. 육식은 사람의 마음을 보다 공격적이고 흥분하게 만든다. 따라서 싸움에서 승리하기 위해서는 병사들의 성정이 거칠고 호전적이어야 하기 때문에 고기, 심지어는 생고기까지 먹곤 했다.

그런데 산업화 시대를 지나 물질문명보다 정신문명을 더 중요시하는 21세기에 와서도 사람들은 인간의 삼위일체 구조인 심신영心身靈의 원리를 무시한 채 영양학만을 중시하는 잘못된 식문화에 빠져 있다. 고단백과 고지방 위주의 음식을 많이 먹을 뿐 비타민과 무기질, 섬유소 등이 결핍된 식생활을 하고 있는 것이다.

단백질과 지방, 탄수화물은 인체의 형태를 구성하고 활동하는 에너지원으로 많이 쓰인다. 그러나 비타민과 무기질, 섬유소 등은 소량이지만, 인체의 신진대사를 촉진하고 뇌를 비롯해 정신 작용에 많은 영향을 주는 물질이다.

지금은 불면증과 우울증, 과다 흥분, 집중력과 자제력 부족 등의 정신 허약 증상 환자가 많은데, 이는 모두 비타민과 무기질이 다량 함유된 통곡류와 채소, 과일을 적게 섭취하기 때문이다.

사람은 활동할 때 단백질과 지방, 탄수화물 등을 에너지원으로 사용하지만, 밤이 되어 숙면을 할 때에는 주로 비타민과 무기질 등의 영양소로 인체를 정화하고 에너지를 충전해 내일의 활동을 준비하게 된다. 그런데 이런 영양소를 충분히 공급해주지 않으면, 인체는 자체 내에서 이들 영양소를 스스로 추출해 합성하게 된다. 바로 이것이 뼈의 노화를 가져와 골다공증을 일으키고, 골수를 소모하게 되며, 원기를 약하게 만들어 면역력을 저하시킨다.

이 때문에 사람들은 합성 비타민이나 영양제를 먹지만 이것은 큰 효과를 나타낼 수 없다. 왜냐하면 아무리 잘 만든다고 해도 인체와 합성 영양제는 원래가 서로 잘 동화되기 어렵기 때문이다.

이에 비해 자연의 곡류와 채소, 과일은 대기의 원소들을 합성해 상호 균형을 이룬 영양소를 이미 갖추고 있다. 그래서 소나 기린, 말, 코끼리 등의 초식동물이 풀과 나무, 과일만으로도 그 큰 덩치와 힘을 유지하고 있는 것이다.

인간도 이와 마찬가지로 곡류와 채소, 과일을 적절히 섭취하면 육체와 정신이 서로 균형 있게 성장한다. 그러나 특히 육식이나 정제 가공식품 등으로 치우친 섭취는 암과 당뇨, 고혈압, 아토피 등의 원인이 되는 것은 물론, 인체 내의 영양 불균형을 초래해 뼈에 골다공증을 가져온다. 또한 치아의 부실과 두뇌 능력 감퇴, 성 기능 장애, 자궁병 등도 발생한다. 사실 진리라는 것은 이처럼 평범하고 단순한 것이다.

그래도 최근 들어 다행인 것은 이런 육식과 정제 가공식품의 폐해를 인식하고 올바른 먹거리 회복운동에 적극적으로 참여하는 사람이 늘고 있다는 점이다. 생활습관병이 급증하면서 생채식과 자연식을 찾는 사람이 늘고 있고, 의식 있는 엘리트들이 농촌과 산골로 내려가 유기농법을 실천하면서 농촌과 생명을 살리는 일에 뛰어들고 있다. 환경운동을 하는 사람들과 동물보호를 외치는 사람이 갈수록 늘고 있는 것도 물론 고무적인 현상이나.

이런 좋은 방향으로의 전환은 더 많은 사람의 각성과 올바른 정보의 수렴을 통해 앞으로 더욱 굳건해지고 활발해질 것이다.

　나는 채식 요리업계의 요리사로서 직접 요리를 하고 대중 강의를 하면서 틈틈이 요리와 동양의 옛 지혜를 접목시키는 연구를 다년간 해오고 있다. 사실 우리들은 고대 성인의 지혜를 따라가기에 바쁘다. 여기에 쓴 모든 원리는 이미 조상들이 밝혀 놓은 것으로서 단지 그 원리를 현대에 맞게 조금 정리했을 뿐이다.

　심신영의 전인적 건강과 올바른 섭생의 원리를 우리 삶에 결합한 것을 '영혼의 음식'이라고 이름 짓게 되었다. 왜냐하면 인간은 영적, 마음적, 육체적 존재이기 때문이다. 이 세 개의 차원 모두가 영적인 양식과 마음의 양식, 육체의 양식을 원하고 있으며, 이 셋의 조화로움이야말로 진정한 전인적 건강의 잣대이다.

　소울 푸드Soul Food는 심신영의 조화를 이룬 전체적인 건강, 즉 영적 각성, 마음의 평화, 육체적 청정함을 추구한다. 그리고 소울 쿡Soul Cook은 영혼의 양식, 마음의 양식, 육체의 올바른 먹거리를 조리한다. 이제 소울 푸드Soul Food와 소울 쿡Soul Cook이 당신의 가정에 행복의 전령이 되어 심신을 건강하게 지켜줄 것이다.

소울 푸드를 이해하는 음식 철학

요리는 식재료와 나의 개성이 어우러진 하나의 종합예술이다. 단맛과 짠맛, 쓴맛, 매운맛, 신맛 등의 맛을 지닌 재료들을 눈과 귀, 코, 혀, 몸, 느낌 등 6가지 감각을 잘 살려 요리를 완성한다. 이것을 제공받은 손님이 음식을 통해 자신들의 감각을 충족하고 조화시킬 수 있도록 배려해야 한다. 단지 먹기에 맛있고 외형만 화려한 요리는 혀와 시각적 감각만 발달하게 만들어 감각의 조화와 균형을 깨뜨리게 된다.

자연식 요리는 대부분 곡류와 채소, 과일을 다루게 되므로 요리의 주체인 식물의 이해가 중요하다. 그렇다면 식물이란 무엇일까. 나도 요리를 하기 전까지는 그냥 풀과 나무, 산소를 내뿜는 존재, 동물의 먹이와 서식처 등의 단어를 떠올리는 정도였다.

우주와 지구의 자연, 사람은 모두 하나의 에너지로 연결되어 있으며, 상호 교류하고 있다. 다만 어떤 에너지가 합성되어 다른 개성을 표현하느냐에 따라서 붙여진 이름이나 역할이 다를 뿐이다.

사실 지구상의 모든 것은 환경과 시대에 따라서 이름에 맞는 역할과 기능을 가지고 이 세상에 존재한다. 고생대의 식물이나 동물은 멸종한 것이 아니라 다만 사라졌을 뿐이다. 만약 당시와 동일한 환경이 조성된다면 언제든지 나타날 수 있다. 쌀자루와 과일에서 벌레가 저절로 나타나듯이, 적정의 환경이 조성되면 언제든지 무형의 생명력은 유형의 존재로 모습을 드러내는 것이다.

지금 이 시간에도 광활한 우주는 성운 속에서 끊임없이 유기분자를 창조해 생명의 근원을 잉태하고 있다. 그리고 각종 우주선(중성자, 양성자, 전자)과 미세먼지는 계속 지구로 내려오고 있다. 이들 우주선은 대기라는 필터를 거치면서 지구 에너지로 변환되고, 이 에너지와 토양의 무기질을 합성해 만들어지는 형태가 식물인 것이다.

식물은 결국 우주 에너지의 결합체이며, 태초부터 무無의 에너지를 유有의 물질로 만들어 온 지구의 선구자이다. 마치 모체의 자궁에서 태아가 잉태돼 출산하듯이, 우주도 진공 속의 음陰 에너지 입자가 양陽 에너지인 지구 생명체를 잉태하고 낳았다고 표현한다.

동물도 이런 식물이 있어서 삶을 영위할 수 있는 것이며, 식물을 통해 우주 에너지를 간접적으로 흡수한다. 그런데도 인간은 나무나 풀과 같은 식물을 아무런 생각과 의식도 없는 하찮은 존재로 인식하고 있다.

식물은 신의 심부름꾼으로 지구 생명체를 키우는 산모와 같은 존재이다. 식물은 광합성 작용을 통해 에너지를 합성하고 인간에게 먹거리를 제공한다. 또한 물을 흡수해 증산蒸散 작용을 함으로써 대기를 맑게 하고 산소를 내뿜어 동물이 호흡할 수 있게 한다. 해충을 물리치는 식물의 생화학물질은 인체에 들어오면 백혈구의 영양소가 되어 항체를 강화시키고 면역력을 튼튼하게 만든다. 또 각종 미생물의 먹이가 되며 지력地力을 유지하고 동물과 사람에게 마음의 안식처를 제공한다.

우리는 자연을 가까이 하면 마음의 평화를 느낀다. 왜냐하면 인체 세포가 자연만이 우리의 고향이라는 것을 알고 반응하기 때문이다. 그리고 자연계의 다양한 소리와 아름다운 모습에서 평온을 되찾으며 마음이 순수해지고 아름다워진다. 자연 앞에서 누구나 시인이 되고 철학자가 되는 것도 이 때문이다. 이것이 자연의 법칙이다.

식물을 섭취한다는 것은 우주의 기운과 식물의 위대한 정신을 받아들이는 것이다. 채식은 우리의 육체와 정신을 자연과 가깝게 인도하지만, 육식은 순수한 인간의 에너지를 왜곡하게 한다. 왜냐하면 동물 고유의 성정과 에너지가 사람의 에너지와 성질을 왜곡시키기 때문이다.

식물의 순수한 에너지는 초식동물과 육식동물의 몸으로 들어가 소화 과정을 거치면서 탁해지고, 식물 고유의 에너지 자체도 육식동물의 에너지로 변해버린다. 채식을 하는 초식동물은 평화롭고 온순하며 협동성이 있다. 반면 육식동물은 대체로 공격적이고 폭력적이며 개인적인 성질을 가지고 있다.

사람이 육식동물을 음식으로 섭취하게 되면, 그 동물이 지닌 에너지와 습성을 몸과 마음으로 받아들이게 된다. 육식을 즐겨하는 서양인이 털이 많고 몸에서는 노린내가 나며 대소변에서도 악취가 심하게 나는 이유가 여기에 있다.

이에 비해 생채식을 즐기는 사람의 몸에는 악취가 잘 나지 않고, 심지어 때도 잘 끼지 않는다. 순수한 물과 에너지로 이루어진 채소와 과일은 인체에 동화되기 때문에 대사 과정에서 노폐물이 생기지 않으며, 설령 생긴다 하더라도 피부 모공이나 대소변으로 쉽게 배출된다.

반면 육류는 고분자로 구성되어 있기 때문에 이를 소화 분해하는 데 시간이 걸리고, 대사 과정에서 많은 노폐물이 생기면서 몸과 대소변에서 냄새가 나고 때가 잘 생기는 것이다. 생채식을 주로 하는 오지의 원주민들은 발가벗은 채 흙 속에서 뛰어놀지만 몸에 때나 충치, 결석 등이 잘 생기지 않는다.

현대 문명의 발달은 석유화학물을 바탕으로 하고 있다. 사람의 의식주도 마찬가지여서 도로와 건물, 집, 자동차, 대기 등 생활환경 곳곳에서 나오는 눈에 보이지 않는 유해 파장과 미세 기름 성분이 우리 몸을 오염시키며 병들게 하고 있다.

우리의 음식 문화 또한 고단백과 고지방, 정제 가공식품으로 편중돼 있다. 인체의 대사 과정 중에 생긴 노폐물이 이와 결합해서 내부로는 결석이나 동맥경화, 비만, 당뇨, 암 등을 만들고, 외부로는 때와 비듬, 악취, 피부병 등을 유발하는 간접 원인이 되고 있다.

결국 석유화학물의 유해 파장과 미세 기름 성분, 화식火食의 과다, 그리고 육식과 정제 가공식품으로 인한 인체 내의 노폐물이 피부의 모공과 신장腎臟을 막히게 만들고, 혈관을 경화시켜 각종 질병의 원인을 제공하고 있는 것이다. 따라서 정결한 생채식과 자연을 가까이 하는 생활이야말로 심신 청결의 첩경이다.

우주와 인간은 식물이라는 중간 매개체를 통해 에너지를 흡수하며 교류하고 있다. 그러므로 요리할 때는 가급적이면 적게 가공하고 적게 조리하는 것이 최상의 에너지를 보존하고 흡수할 수 있는 방법이다.

우리나라는 예로부터 채소를 데치거나 찌는 요리법이 발달했다. 이는 기름을 사용해 튀기거나 볶는 조리법보다 유익한 방법이지만 익힌 음식보다는 생채소가 훨씬 좋다. 따라서 가급적이면 샐러드나 겉절이, 쌈, 무침, 녹즙 등으로 먹는 것이 유익하다.

식물이 우주의 여러 원소를 합성해 다양한 색과 맛, 형태를 띠고 있는 것은 그만큼 다양한 에너지를 인간에게 주기 위함이다.

인간은 다양한 장부臟腑를 가진 감정의 유기체이다. 여기에 맞춰 자연이 계절별로 인간에게 선사하는 다양한 식물의 에너지는 인간의 신체와 인의예지신仁義禮智信을 건강하고 조화롭게 만들어주는 최상의 영양소인 것이다.

집에서 만드는 채식 식단 구성 요령

- 현미에 잡곡과 콩을 넣어 밥을 해 먹는다. 단 환자나 소화 기능이 너무 약한 사람이라면 천천히 조금씩 늘려가도록 한다.

- 단백질과 지방은 콩, 두부, 견과류, 씨앗류, 참기름, 들기름 등으로 보충한다.

- 잎채소, 열매채소, 뿌리채소를 잘 배합하여 조리한다. 채식에는 비타민, 무기질, 식이섬유, 파이토 케미컬이 많아 각종 생활습관병을 예방하고 두뇌를 활성화시킨다.

- 조리는 무침, 데침, 찜 등의 방법을 많이 사용하고, 튀김이나 볶음은 가끔씩만 먹는다.

- 가급적 노지재배채소나 유기농채소를 구입해 먹고, 소식과 1일 2식을 실천한다.

- 제철에 나는 채소와 과일을 섭취하는 것이 건강에 이롭고, 정제 가공식품, 육식, 과식, 불규칙한 폭식은 피한다.

- 두부, 버섯, 과일, 곤약, 국수, 당면, 떡, 콩, 근채류, 엽채류 등으로 전골이나 샤브샤브, 쌈 등을 가족이나 친구들이 함께 둘러앉아 먹으면 친목 도모에도 좋다.

- 다시마, 표고, 무를 생수와 같이 끓인 뒤 냉장 보관하고 각종 국이나 찌개의 국물로 사용한다.

- 요리하다 남은 자투리 채소(샐러리, 마른고추, 생강, 양파, 다시마, 표고버섯, 무 등)를 통후추, 조청, 진간장, 생수와 같이 끓여낸 뒤 각종 조림이나 구이, 볶음 요리에 사용한다.

- 표고버섯, 잣, 호두, 땅콩, 콩, 들깨, 다시마, 생강 등을 건조하여 분말로 만든 뒤 천연 양념으로 사용한다(무침, 국, 구이 등에 사용).

CHAPTER 2

심신영(心身靈) 삼위일체 건강법

먹거리食는 모양形을 이루고, 마음心은 정신情神을 이룬다.

하회탈의 웃는 얼굴은 십자가의 조화된 마음을 나타낸다.

사람의 세포는 마음과
음식 에너지에 반응한다

사람들에게 "당신은 어떤 삶을 살고 싶나요?"라고 물어보면 대부분 건강하고 풍요로우며 행복한 삶을 살고 싶다고 대답할 것이다. 그렇다면 어떻게 살아가는 것이 진정 행복한 삶이라고 할 수 있을까.

행복한 삶의 첫 단추는 건강한 몸과 즐거운 마음에서 비롯된다. 몸이 건강해도 마음이 불편하면 참다운 행복이라 할 수 없고, 마음이 평화로워도 건강이 따르지 않으면 이 또한 참다운 행복이라고 할 수 없다.

경주의 에밀레종은 아름답고 맑은 소리를 내기로 유명하다. 그 이유는 종의 재질과 모양, 구조가 뛰어나기 때문이다.

우리의 몸을 이루는 최소 단위인 세포도 이 종과 같은 이치로 작용한다. 먹는 음식의 맑고 탁함에 따라 세포의 재질이 결정되며, 우리의 마음은 세포의 연주가가 돼 다양한 심신의 소리를 연출하게 된다. 정결한 음식의 섭취는 세포의 구성을 맑게 하여 아름다운 종소리가 나오게 하고, 즐거운 마음은 세포의 울림을 활성화하여 행복한 심신의 상태로 이끌어 주는 것이다.

세포가 아름다운 소리를 내려면 악기가 훌륭해야 하며(음식 섭취), 악기를 연주하는 악사(마음)도 좋아야 한다. 더불어 각 세포 모두 건강하고 하나로 연결되어 조화를 이루었을 때 완벽한 연주가 된다. 진정 행복한 삶은 몸과 마음의 완벽한 조화에서 나오는 오케스트라와 같은 것이다. 모든 세포가 건강해지기 위해서는 항상 밝고 긍정적인 마음 자세, 올바른 생활 습관을 유지해야 한다. 세포가 건강해지는 몇 가지 법칙이 존재한다.

첫 번째 법칙은 '환경에 따른 세포 반응의 차이점'이다.

긍정적인 환경은 활성의 스위치를 켜지게 하고, 세포는 자연히 건강하게 된다. 그러나 부정적인 환경에서는 비활성의 스위치가 켜지므로 세포가 병들거나 노화된다. 이런 세포 반응의 양면성으로 인해 활성도가 달라지므로 심신의 상태도 달라지는 것이다.

우리의 심신이 어떤 상황이든지 감사하고 즐겁게 받아들일 수 있다면 세포도 늘 행복의 물결 속에서 춤추게 되며, 인체는 건강의 에너지로 파동 치게 된다. 그래서 '매 순간 즐기고 최선을 다하라'고 하는 것이며, 바로 이 말 속에 최첨단 유전자 의학의 진리가 숨어 있는 것이다.

두 번째 법칙은 '마음에 따른다'는 것이다.

아무리 맛있는 음식을 앞에 두었다고 해도 마음이 슬픔으로 가득 차 있다면 음식 맛을 느끼는 유전자나 소화를 시키는 유전자는 적극적으로 작동하지 않는다. 그러나 밥 한 그릇과 간장 한 종지라도 즐거운 마음으로 감사히 먹는다면 세포는 즐겁게 작동을 하고 에너지도 활기를 띠게 된다. 그러므로 매 순간 감사함과 함께한다면 그 자체가 보약이자 치유의 에너지인 것이다.

세 번째 법칙은 '공명共鳴의 법칙'이다.

모든 사물은 고유의 파동 에너지를 가지고 있으며 제각기 떨림을 달리하고 있다. 여기에 반응하는 세포도 이 떨림 반응을 달리하게 된다. 인체의 피부나 장부, 세포, 마음까지도 사실은 공空으로 존재하고 있다. 이런 이유로 세포는 다양한 떨림을 하게 되는 것이며, 큰 소리와 작은 소리, 강한 소리와 약한 소리, 맑은 소리와 탁한 소리 등에 따라 다르게 공명하게 된다.

예를 들어 어떤 못생긴 아기에게 예쁘다고 얘기하면, 순수한 아기 세포는 그 말을 믿고 따르게 된다. 말소리(파동 에너지)는 세포를 예쁜 떨림으로 울리게 하고, 그 울림이 형상을 이루며 점차 예쁜 아이로 변해 가는 것이다. 과학에서는 이런 현상을 두고 '특정 주파수는 고유의 형태를 결정짓는다'고 주장한다. 우리 조상들은 이를 미리 알고 있었으므로 아이를 키울 때는 늘 칭찬하고 긍정적이며 발전적인 말을 많이 했던 것이다. 그러므로 좋은 환경을 자주 대하게 되면, 세포는 당연히 좋은 떨림을 하게 되고 에너지가 활성화된다.

세포의 기본 속성은 비어 있는 것이므로 육체적으로 채워져 있는 과식이나 변비, 마음속에 꽉 차 있는 스트레스나 탐욕은 세포의 떨림을 멈추게 하고 에너지의 흐름을 방해한다. 마음을 비우고 걸림 없이 살라는 옛 성현들의 말씀이 신비하기만 하다.

네 번째 법칙은 '전지전능한 신의 특성'이다.

인체는 하나의 체세포로부터 분열돼 이루어진 것이며, 복제양 돌리도 한 개의 체세포로부터 분열되어 태어난 것이다.

세포의 유전인자 속에는 신의 전지전능한 프로그램이 입력되어 있는데, 그 이유는 우리가 신의 자녀이기 때문이다. 자식은 부모를 닮게 되어 있는 것이 우주의 법칙이다. 소위 기적을 일으키고 신통력을 행한다는 사람들은 이런 세포의 시스템을 알고 일깨우는 사람인 것이다. 이때 세포는 1차 에너지인 빛과 수증기를 인체 에너지로 바로 사용할 수 있는 시스템으로 복원한 것이다. 진실로 간절하게 그리고 일심一心으로 자신의 내적인 힘을 믿으며 우주의식과 하나 되었을 때 세포는 모두 하나의 소리로 진동하게 되고 기적의 힘을 발현하게 된다.

세포는 마음 상태에 따라 감응하며 우주의 홀로그램적 특징을 갖고 있지만, 우리는 사용 방법을 잊어버린 채 살고 있다. 이 홀로그램적 시스템을 자유자재로 쓸 수 있는 사람을 우리는 '초인超人'이라고 부른다.

다섯 번째 법칙은 세포가 하나의 '독립된 생명체'라는 것이다.

세포는 제각기 개성과 고유의 역할을 지닌 채 자신의 영역을 지키고 있으며, 다른 세포의 인격을 존중하고 인체의 법과 질서를 지키고 있다. 하나의 세포는 국가 또는 공장과 같아서 다른 세포들과 신호를 주고받으며 스스로 판단하고 자신의 나라를 다스린다.

세포는 에너지를 흡수하고 저장하며 소비한다. 분열하고 성장하면서 생로병사의 인생을 살고 있다. 세포라는 국가에 어떤 물자가 공급되고, 어떤 가치관의 영향을 받느냐에 따라 경제력과 민심이 형성된다. 공급되는 물자가 저질이고 오염되어 있으면 세포의 경제도 부실해져서 병이 들거나 죽게 되며, 마음이 왜곡되고 더럽혀져 있으면 세포의 민심도 영향을 받아 유전자 정보가 변형되는 것이다.

이처럼 세포는 생명체의 한 부분으로서 우리가 제공하는 음식과 마음의 환경에 절대적인 영향을 받고 있기 때문에 세포가 건강하고 올바른 정신을 유지할 수 있도록 좋은 양식과 긍정적 정보를 제공해야 한다.

음양오행陰陽五行에 따라 우리의 마음과 오장육부五臟六腑 간의 상관관계를 살펴보면, 증오하는 마음은 간肝 세포를 오염시켜 시력을 훼손시키고, 스스로 비판하는 마음은 비장脾臟 세포를 왜곡시켜 면역력을 약화시키며, 지나친 쾌락의 마음은 심장心臟 세포를 들뜨게 해서 혈압의 이상을 초래하고, 지나친 슬픔의 마음은 폐肺 세포를 약하게 만들어 기관지의 이상을 가져오며, 지나친 공포의 마음은 신장腎臟 세포를 긴장하게 해서 비뇨기의 이상을 초래한다.

나는 10대부터 20대 중반까지 많은 방황을 했다. 어려서 받은 상처와 배신감 등의 기억이 나를 많이 괴롭혔다. 그전까지만 해도 안경을 끼고 있으면 공부를 잘하는 사람, 예쁘면 착한 여자, 정장을 입고 있으면 정숙한 여자, 선생님이나 성직자는 무조건 훌륭하신 분, 어른의 말씀은 모두 진실한 것이라는 순진한 믿음을 가지고 있었다.

그러나 어느 날인가부터 이런 믿음은 깨지고, 세상의 모순과 사람들의 이기심, 배신, 충격 등을 체험하면서 좌절하고 괴로워했다. 바꿀 수 없는 불공정한 현실을 지켜보면서 왜소하기만 한 나 자신을 자책하고 신을 원망하기도 했다.

하지만 그럴수록 주어진 환경에 적응하려고 노력했다. 현실에 적응한다는 것은 곧 내 영혼의 목소리를 무시한 채 외부 상황에 억지로 맞추거나 가식적인 언행을 한다는 것을 뜻했다. 현실에서 바보가 되지 않기 위해 내면에서 들려오는 영혼의 소리를 뒤로 한 채, 형식적이고 가식적인 언행과 태도를 취할 수밖에 없었다.

이렇게 마음속에 커튼을 치자 어둠이 생겨났고, 그 어둠 속에서 두려움, 왜소함, 나약함, 분리감 등의 단어가 나를 지배했다. 그러자 몸이 아프기 시작했다. 기혈이 잘 흐르지 않으니 성격도 활기를 잃고 내성적이며 나약한 상태로 변해가는 것이었다. 그냥 현실에 적응하기 위해 나름대로 노력한 것뿐인데 왜 나는 그렇게 아팠던 것일까.

나를 병들게 한 가장 큰 원인은 다름이 아니라 영혼의 목소리를 무시한 채 사회에 적응하기 위한 겹겹이 포장한 위선과 가식적 행동이었다.

특히 자신도 모르게 굳어진 편견, 어릴 때 받았던 조그만 상처와 억눌리며 살아왔던 감정이 그것을 부채질했던 것이다.

이런 고통을 겪으면서 몸과 마음은 결코 둘이 아니라 서로에게 영향을 끼치며 주고받는 존재라는 것을 알게 되었다. 몸이 아픈 것은 마음이 아픈 것이요, 마음이 아픈 것은 몸이 아픈 것이라는 사실을 뒤늦게 깨달았던 것이다.

그때서야 참회의 눈물을 흘리며 내 자신을 용서하고 다시 사랑하기 위해 노력했다. 정신세계와 철학에 관한 많은 책을 읽고, 때로는 다양한 수련법도 시도했다. 그러다 보니 어느 날인가부터 몸이 가벼워지고 활기가 넘치기 시작했다. 긍정적인 사고, 긍정적인 마음의 세포를 춤추게 하고 있었던 것이다.

인간의 본성은 사랑과 평화를 원한다. 드라마에서 감동적인 장면을 보면 같이 공감하면서 자신도 모르게 눈물을 흘린다. 주위에서 너무나 헌신적인 희생을 하는 사람을 보면 가슴이 찡하게 저림을 느끼기도 한다. 평화스러운 자연의 모습 앞에서 우리는 행복해지며, 천진난만한 아기의 웃음 앞에서 자기도 모르게 미소 짓게 되는 것과 마찬가지이다.

분별력 없는 아기는 예쁘고 반짝거리는 것을 선호한다. 여자는 본능적으로 화려하고 빛나는 보석이나 장신구를 좋아하며, 남자도 아름답고 자상한 여인을 보면 본능적으로 좋아한다. 왜냐하면 인간의 본성이 아름답고 빛나는 사랑이며 평화의 에너지이기 때문이다.

그러나 세상을 살다 보면 아름답고 빛났던 본성은 서서히 잊히게 된다. 그리고 이 세상에서 그것을 대신해 줄 대용품을 찾고, 또 만족을 얻기 위해 결혼을 한다. 하지만 돈을 벌고 명예도 얻으면 행복할 것 같지만 마음 한구석은 늘 허전하고 비어 있게 된다. 대용품은 진짜 원본이 주는 기쁨을 절대로 대신할 수 없기 때문이다. 사람이 바람을 피우거나 마약과 도박, 사치향락에 빠지는 것도 진정한 기쁨과 환희를 느껴보지 못해 늘 대용품을 찾아 방황하고 헤매기 때문이다.

진정한 기쁨과 환희를 조금이라도 체험하고 싶다면 작은 것에 감사하고 만족하는 삶, 이웃과 나누는 삶을 살아볼 필요가 있다. 그리고 바쁜 일상 속에서도 잠들기 전 20분 정도 자신과 조용히 대화하는 시간을 갖고 관심과 사랑을 쏟는다면 우리의 세포는 기뻐할 것이다.

"난 소중한 사람이야. 고귀하고 빛나며 신의 사랑으로 충만한 사람이야. 그래! 난 무엇이든 할 수 있어! 그리고 난 행복해. 신이여, 감사합니다!"

이렇게 자기 자신과 대화할 때 세포도 이 음악에 맞추어 즐겁게 춤추고, 심신의 상태도 건강해질 것이다.

몸과 마음을 통해 보는
질병과 건강 원리

우리는 소화가 안 될 때 소화제를 사서 복용하거나 병원을 찾는다. 콧물이 나면 콧물을 멈추게 하는 약을 복용하고, 열이 나면 해열제를 쓰며, 종양이 생기면 그 부위를 잘라낸다.

현대의학은 눈에 보이는 현상과 검증된 통계 위주의 결과를 중요시한다. 하지만 해부학 실험용으로 쓰이는 시체는 이미 신진대사를 멈춘 상태이며, 영혼도 마음도 사라진 상태이다. 동물 실험의 결과를 사람에게 적용하는 것 또한 문제점 있는데, 사람과 동물의 진화 정도가 다르고 정신과 감정의 상태가 다르기 때문이다.

사람의 에너지 상태는 본인의 마음가짐과 주변 환경에 따라 늘 변화한다. 사람마다 각기 마음과 인체 구조, 생활환경이 다르므로 병이 생기는 원인과 나타나는 현상 역시 천차만별이다. 예를 들어 소화기 계통에 병이 있는 사람의 유형을 세 가지로 나누어 보면 다음과 같다.

심心 소화기 장애로 발전되는 심적 원인

- 가족 관계로 인한 스트레스
- 직장 내에서 생긴 스트레스
- 탐욕, 번뇌로 인한 기氣 순환 장애
- 다른 장부의 장애로 인한 전이 현상

신身 소화기 장애로 발전되는 육체적 원인

- 척추 이상으로 위 신경을 압박해 에너지 흐름 이상
- 부패된 음식, 중금속, 화학 첨가물이 많은 식품 섭취로 위장 이상
- 세균이나 바이러스로 인한 위장 이상
- 차가운 환경으로 인한 위장 이상

영靈 소화기 장애로 드러날 수 있는 보이지 않는 원인

- 유아 시절 심한 충격적 기억(부모의 심각한 폭력적 장면 등)
- 과거 부정적 정보 내재(높은 곳에서 떨어진 충격, 모욕감, 심한 공포, 놀람 등)
- 억압된 감정의 내적 혼란(자식 때문에 참고 살아야지, 가정 불화, 학대 등)
- 보이지 않는 과거 정보(임신 중 엄마의 낙태 생각 등)

이와 같이 소화기 계통에 병이 오더라도 그 원인은 다양하게 분류할 수 있으며, 치료 또한 그 사람의 상태에 맞게 대기묘용對機妙用해야 한다.

그런데 소화가 안 된다고 무조건 소화제를 먹거나 위에 암이 있다고 무조건 잘라내면 어떻게 될까.

우리 인체에서 불필요한 부분은 한 군데도 없다. 과거 의사들은 편도와 맹장이 중요한 작용을 하지 않는다고 생각하여 이상이 생기면 바로 제거했다. 그러나 지금은 수술하지 않고 아픈 원인을 찾아 치유하는 것이 타당하다는 인식이 현대의학에서도 서서히 싹트고 있다.

사람은 환경, 정신력, 마음 씀씀이, 먹는 음식의 차이가 있음으로 인해 건강 상태가 다르고 삶의 패턴도 다양하게 나타난다.

질병은 드러난 증상이 한 가지라도 원인은 여러 가지가 있을 수 있고, 여러 가지 증상이라도 하나의 원인으로 귀결될 수 있다. 그러므로 의사라면 마땅히 끊임없는 자기 수련과 의학 공부를 병행해야 하며, 자연의 이치를 깨우쳤을 때만이 진정한 의사이다. 왜냐하면 모든 학문은 철학에서 나오며, 철학은 자연과 우주의 이치를 논하는 것이므로 그 이치를 깨우치게 되면 인체의 원리는 저절로 이해가 되기 때문이다.

옛날에는 직업이 단순하고 사람의 마음도 순수했다. 생활 또한 자연의 순환에 따르는 삶이었으므로 괴질이나 큰 병이 없었던 것이다. 요즘은 직업의 다양성과 운동 부족, 대인관계 속의 스트레스, 음식과 환경오염 등으로 인하여 그 질병 또한 원인이 복합적으로 상호작용하고 있다. 외부적 원인, 기후, 전자파, 환경호르몬, 음식, 스트레스, 운동 부족, 자세 불량, 잠재의식 속의 유전적 기억 등이 모두 병의 원인이 될 수 있다. 따라서 의사는 환자의 상태를 깊이 관찰하고 많은 대화로써 질병의 원인을 정확하게 밝혀내야 한다.

특히 치료 방법 또한 증상의 완화를 위한 임시방편이 아니라 근원적 치유를 위하여 심신영을 하나로 보는 통합적 시각에서 접근해야 한다. 가장 중요한 치유의 원리는 환자 자신의 자연치유력인 내적 정신에 있는 것이므로 이 점을 분명히 환자에게 각인시켜야 한다.

질병은 없다가도 생기고 있다가도 사라지면서 늘 순환하는 것이므로 지금 생에서 질병을 고쳤다고 하더라도 다음 생에 태어나면 또 질병에 걸리는 것이다. 그러므로 의사와 환자는 이 점을 잘 인식하여 겸손해야 하며 올바른 개념을 가지고 있어야 한다. 사실 최고의 의사는 뛰어난 영적 스승이어야 한다. 이는 근본무지根本無知의 병을 치유해서 생사의 굴레로부터 자유롭게 인도하기 때문이다.

의사가 갖추어야 할 기본 소양으로 첫째, 심신영 합일의 전체적 시각을 배양하고, 둘째, 환자의 자연치유력 증대에 초점을 맞춰야 하며, 셋째, 단지 보조자, 상담자라는 겸손한 자세를 가져야 하고, 넷째, 음식과 의식, 자세, 운동 등의 요소에 대해 복합적으로 파악해 지도할 수 있는 폭넓은 지혜가 필요하다.

환자도 이제는 자신의 인체와 질병에 대한 상식을 갖고 있어야 하며, 의사를 선택함에 있어 신중해야 한다. 치유는 서로의 신뢰와 솔직함 속에서 이루어지는 상호 협조적인 것이기에 환자는 본인의 상태를 자세히 설명해야 한다. 질병을 치유하고자 하면 무엇보다도 긍정적인 마음 자세와 실천적 행동으로 적극 임해야 하는 것이다.

의사는 환자를 자신의 몸처럼 자상하고 세심하게 관찰하고 배려하는 치료를 해야 하며, 환자의 자연치유력이 극대화될수록 항시 용기를 북돋워주고 긍정적인 말을 많이 해주어야 한다. 이러한 두 가지 화음이 어우러질 때 치유라는 작품이 탄생하게 되는 것이다.

질병이 우리에게
보내는 메시지

우리의 인체는 복합적인 유기생물체로서 다양한 구조와 기능이 부여되어 있고, 각각 고유의 에너지를 필요로 한다. 크게 보면 두뇌와 오장육부, 근육, 뼈, 신경 그리고 이것을 감싸고 있는 피부로 나눌 수 있는데, 이 기능들이 작용하기 위해서는 에너지氣의 힘과 이 에너지를 조절하고 통제하는 회로가 필요하다.

예를 들어 손을 올릴 때 두뇌에서 명령이 떨어지면 그 신호가 근육을 움직이게 되는 것인데, 회로(두뇌)의 명령 신호에 의하여 에너지가 움직이고 이에 반응하여 육신이 움직인다. 이것은 찰나에 이루어지는 한 동작이다. 이것을 무도武道에서는 '마음이 가는 곳에 기氣가 있고, 기가 흐르는 곳에 인체가 반응한다.'라고 말한다. 즉 인체는 몸과 마음, 영혼의 복합체이므로 항상 전체적인 관점에서 유기적 관계를 이해해야 한다.

손가락에 가시가 박히면 마음에도 영향을 끼치고, 기분이 나쁘면 밥맛이 없어지며, 기분 나쁜 소리를 들으면 기운이 없어지는 등 인체는 몸과 마음이 서로 음양의 관계로써 조화를 이루고 있다.

오장육부는 고유의 에너지(파동)를 가지고 있고, 뇌파에 영향을 끼치면서 여러 가지 생각을 만들어내며 심신을 움직이고 있다. 생각은 늘 고정되어 있는 것이 아니라 주변 환경 에너지나 음식 에너지에 따라서 그 흐름이 달라지게 된다. 또한 음식의 질과 양, 주변 에너지의 강약과 청탁에 의해서 변화가 조성된다.

인간은 신의 일부분으로서 완전을 향해 진화하고 있는 만물의 영장이기 때문에 필히 맑은 에너지를 필요로 하며, 탁한 에너지 섭취는 인체 에너지를 끌어내려 영혼의 진화를 저해한다.

현대인들은 과학의 발달과 함께 수명은 연장되었지만 각종 질병과 스트레스로 고통받고 있다. 질병이라는 것이 단순히 하나의 원인으로 발병할 수도 있지만, 대부분은 복합적인 원인과 과정이 연결되어 있기 때문에 근원적 치유가 어렵다.

인체를 집과 비교해보면, 전기가 들어오지 않으면 당장 난방 시설이 멈추듯, 인체로 말하면 순환장애로 체온이 떨어지는 것과 같다. 담장이 허물어지면 도둑이 넘나들 듯이 인체도 허술하면 면역력이 약해지는 것이며, 대들보가 부러지면 벽이나 전선이 끊어지는 것처럼 인체도 골절되면 신경 압박이 오게 된다. 또한 집에 곰팡이가 생기면 악취가 심하고 부패하

242
채식의 즐거움

듯, 인체에도 각종 피부질환, 기생충이나 변종 세포가 생기는 것과 같다.

이처럼 인체는 집과 같이 상호 유기적으로 연결되어 있어서 하나가 고장 나면 전체가 영향을 받게 된다. 그러므로 항시 전체적 관점에서 근원적 치료가 이루어져야 함에도 불구하고 '무슨 병에 무슨 약' 하고 처방이나 이론이 정해져 있으니 안타까울 뿐이다.

인체는 물질적인 육신과 육신을 움직이는 에너지 그리고 에너지를 유도, 발생하게 하는 정신 작용의 복합적인 구조이므로 이런 상호관계성을 잘 파악하고 조절해야 한다.

우리는 질병이 발생하면 몸속에 세균이나 바이러스가 침투했다고 생각한다. 그리고 그 세균이나 바이러스를 물리치고 제거해야 할 대상으로 여기고 약을 먹어 없애버리려고 한다. 과연 질병이라는 것이 이런 약을 먹으면 이런 세균이 죽어 치유되고, 저런 약을 먹으면 저런 바이러스가 죽어 병이 치유되는 것일까.

지렁이는 어둡고 축축한 흙 속에서 살아가며, 새는 나무로 만든 집에서 삶을 영위한다. 그런가 하면 1급수에서만 사는 물고기가 있고, 오염된 하천에서도 꿋꿋이 살아가는 물고기도 있다. 즉 각 환경에 맞는 동식물의 종류가 따로 있으며, 이는 인체에도 똑같이 적용된다.

몸속에는 유익균과 유해균이 있다. 그러나 그 균 자체가 나쁘고 좋은 것이 아니라 우리의 습관에 의해서 특정 환경이 조성되면 그 환경을 좋아하는 균이 서식하는 것이다.

유해균은 더럽고 부패되고 딱딱하게 굳어진 환경을 좋아하는데, 우리 몸이 늘 깨끗하게 유지된다면 유해균은 저절로 감소하게 된다. 더럽고 굳어지고 부패한 것을 치우는 것이 유해균의 임무이다 보니 그것을 나쁘다고만 할 수 없다. 그런데 그런 균을 죽인다고 약을 마구 투여하면서도 나빠진 환경 그 자체는 바꾸려고 하지 않기 때문에 악순환이 되풀이되는 것이다.

오염된 한강을 청소하고 깨끗한 수질로 복원하자 다시 철새들이 날아오고 사라졌던 물고기들이 돌아왔다. 환경이 바뀌자 그에 맞는 동식물이 번성하게 된 것이다.

유행성 질환이 지나갈 때, 누구는 병에 걸리고 어떤 이는 건강하다. 그것은 각자 몸의 환경이 다르기 때문이며, 이때 바이러스와 세균이 좋아하는 환경이라면 세균이 그곳에 둥지를 틀게 되어 병이 발생하는 것이다.

몸이 아프면 누구나 자신의 능력을 십분 발휘하기가 어렵게 된다. 자식이 멀리서 왔을 때, 따뜻한 밥 한 그릇과 된장국이라도 끓여주고 싶지만 몸이 말을 듣지 않으면 엄마 된 도리로 가슴이 아프다. 누군가와 같이 따뜻한 햇볕을 받으며 산림 속을 걷고 싶지만, 침대에 누워 일어나기 힘들 때는 지치기 마련이다. 결국에는 자신을 비하하고 하찮게 여긴 나머지 남은 물론 자기 자신마저도 사랑하는 마음을 잃게 된다. 밝음을 잃은 마음으로 인해 인체의 세포도 활기를 잃고 에너지의 흐름도 약해진다.

이처럼 자신의 생각이 마음의 환경을 변화시키는 것이다.

질병은 인체의 환경을 개선해야만 치유가 이루어진다. 마음의 질병 역시 이 원리가 적용된다. 질병이 발생할 수밖에 없는 원인을 마음에서 찾아야 한다. 고요하면 맑아지고, 맑아지면 밝아져서 보인다고 했다. 질병의 원인을 알아내려면 먼저 고요해져야 한다. 결국 질병이 발생했다는 것은 바쁘게 혹사시킨 심신을 평화롭게 한 뒤 본인의 신구의身口意를 잘 관찰하라는 내면의 메시지임을 알아야 하는 것이다.

우리는 바쁜 현실의 삶 속에서 자신의 정신을 망각한 채 살아간다. 자신이 삶의 주인공이 아니라 다른 사람이나 사회 흐름에 끌려가는 삶을 살다 보니 자신의 마음을 억압하고 내면의 속삭임을 무시하게 되어 마음에도 나쁜 환경이 조성된다. 그 결과 여러 가지 심인성心因性 질환을 야기하고, '신경성'이란 이름이 붙여진 질병을 불러오게 되는 것이다.

마음 작용이 치우치게 되면 기혈의 순환도 치우치게 되고, 그것이 오래된 습관으로 변하면 외부로 드러나게 된다. 결국 질병은 내가 만들어낸 심신 부조화의 창조물이자 좋지 못한 습관이 누적된 결과이다. 질병을 통해 우리의 내면은 늘 이렇게 속삭인다.

"저는 당신이 만들어낸 것이에요. 처음에는 조용한 목소리로 재채기나 콧물, 가스, 알레르기 등의 몸짓으로 이야기했는데, 당신은 저의 메시지를 무시했어요. 선 솜 더 큰 목소리로 말했어요. 당신이 나의 목소리에 너무 무심하니까 어쩔 수 없이 크게 말했고, 이제 당신이 눈치를 챈 것이지요. 이제 당신이 저에게 관심을 기울이고 예전처럼 사랑을 해주시면 저도 당신의 뜻에 따를 것입니다. 모든 것은 당신이 만들고 지우고 하니까요!"

이처럼 질병에는 순서가 있고 징후가 있다. 우리의 내면은 끊임없이 이야기를 하고 있지만, 우리는 그 메시지를 무시하며 살아간다. 우리는 '아! 상쾌하다. 가뿐하다.'라는 느낌을 잊고 산 지가 오래된 듯하다. 이런 찌뿌둥한 상태가 그냥 정상인 듯 생각하며 살아간다.

어릴 때를 떠올려보면, 산과 들에서 아무리 뛰어놀아도 지치지 않고 잠깐 자고 나면 곧바로 회복이 되곤 했다. 산에 뛰어오르면 시원한 바람에 가슴은 상쾌했고, 바다로 가면 해풍에 온몸이 싱그러워짐을 느꼈다. 우리는 이런 느낌을 되찾아야 한다. 이런 느낌이 우리가 갖고 있던 본래의 느낌이기 때문이다.

가끔 고요히 내면에 귀 기울이는 시간을 가져야 한다. 그때 세포의 소리, 마음의 소리, 대자연의 소리를 들을 수 있게 되고 심신영의 조화를 향해 나아가게 된다.

질병은 때론 우리를 강인하게 만들기도 하고, 무심히 지나쳤던 것에 감사함과 소중함을 갖게 한다. 창문으로 내리쬐는 따뜻한 햇볕, 외로운 나의 마음에 친구가 되어준 지저귀는 새들, 부드럽게 나를 스치고 지나가는 미풍, 그동안 무심하게 대했던 나의 발가락 등 이 모든 것이 우리의 가슴을 찡하게 하는 감동이다.

새삼 무심히 지나쳤던 사소한 것들에서 고마움을 느낀다. 질병으로 신음하는 이의 마음을 알게 되었으며, 외로움으로 침대를 뒤척일 어르신의 마음도 헤아리게 된다.

이 모든 것이 질병의 과정을 통해 체득한 소중한 교훈이다. 이런 교훈을 통해 우리는 혼자가 아니라 서로 함께하는 삶이라는 것을 느끼며, 서로 나누고 의지하고 도우면서 살아가야 함을 알게 되는 것이다.

몸과 마음을 이해하는
동서양의 유전자 관찰법

서양의 게놈 프로젝트는 동양철학과 유사하다. 동양철학에서는 일체의 근원을 물로 보았으며, 인간도 이런 '수水 에너지'로 가득 차 있는 뇌에 수많은 정보가 기억되어 있다고 보았다. 이 저장된 정보에 의해서 우리의 생각이나 행동이 흘러나오는가 하면, 특정 질병의 씨앗도 각인돼 있다고 보았다. 현재의 유전정보학도 이와 유사한 일면을 갖고 있는 것을 알 수 있다.

따라서 이 유전자 정보를 판독해 이미 입력된 질병인자를 찾아낸다면 질병의 예방 내지는 치유가 가능하다. 23개의 장으로 이루어진 염색체, 수천 개의 이야기로 구성된 유전자는 마치 한 편의 영화이자 책이라고 할 수 있으며, 그 정보대로 살아가는 것이 우리네 인생이다.

유전자 속에 입력된 '염기배열'의 이야기대로 우리의 생각과 행동은 흘러가고, 여기에 맞춰 제각기 드라마틱한 삶의 페이지를 엮어가면서 인생이라는 한 권의 책을 만들어가는 것이다.

그렇다면 과연 개개인의 삶의 방향이나 질은 이 유전자 정보에 의해 결정되어 있는 것일까.

유전자 정보는 나아갈 방향에 대한 암시를 주지만 주어진 환경과 개인의 자유의지(선택)에 의해서 이 정보가 발현되는 스타일이나 실현 정도가 달라진다. 동양철학에서 말하는 '숙명'과 '운명'의 관계와 같은 것으로 정업定業을 바꿀 수 있느냐 없느냐의 문제와도 동일하다.

그럼 동양철학의 관점에서 바라본 유전자 정보(게놈 프로젝트)에 대해 알아보자.

유전자 정보의 우주적 해석

집이나 건물은 설계도에 의해서 공사가 진행된다. 한 국가가 형성될 때에도 많은 사람이 조화롭고 행복한 삶을 살기 위해 법과 질서를 제정하고, 그에 따라 국가가 유지된다. 그곳에서 다양한 개성을 가진 사람들이 각자의 역할에 충실하고 조화를 이루어가는 가운데 역사는 쉼 없이 진행되고 있는 것이다.

우주가 창조될 때에도 똑같은 이치가 적용된다. 신이 우주를 창조할 때에도 이 세상에 질서를 부여해 조화로운 운행이 되게 하였다. 한없는 우주의 시간 흐름과 공간 속에서도 각각의 행성들은 조화롭게 운행을 하고 있으며, 지구에서 살아가는 우리도 신의 섭리 속에서 계속 영혼의 진화를 거듭하고 있다.

이런 우주의 질서를 상징화하여 부호符號와 도형圖形, 사상思想으로 집대
성한 것이 바로 동양철학이다. 동양철학은 우주의 질서이자 법칙이므로
우리는 이러한 이치를 깨우침으로써 우주의 질서와 신의 뜻을 헤아려 볼
수 있다.

불경과 성경 등 각종 종교의 경전이 신의 가르침을 비유와 상징, 우화
로써 그 뜻을 펴고 있듯이, 우주의 법칙을 상징화한 동양철학 또한 신의
가르침의 다른 표현 방식인 것이다.

이러한 동양철학의 법칙을 체득하게 되면 자연과 대우주의 가르침을
이해할 수 있으며, 개인은 물론 나아가서 국가와 세계에도 유익함을 준다.

우주는 신의 뜻으로 창조되었으며 창조주의 법칙으로 운행되고 있다.
따라서 이 법칙에 순응하는 삶을 살면 건강, 행복, 평화가 실현되며, 자연
의 법칙에 역행하는 삶을 산다면 각종 질병과 불행, 재난이 초래되는 것
이다. 대우주의 이치를 터득하여 신의 섭리를 이해하고 자연에 순응하는
삶을 사는 것이 철학적 관점으로 본 유전자 의학의 참뜻이다.

지구는 태양계의 세포이며, 사람은 지구의 세포이고 유전자이다. 유전
자는 경험과 정보의 저장고로서 끊임없이 설계도를 수정하며 진화하고
있다. 개인의 유전자 정보를 잘 이해하는 것이 넓은 의미의 게놈 프로젝
트이다. 지구와 사람은 정말 닮은 것이 많다.

유전자 정보의 구성 원리

우주는 에너지로 가득 차 있으며, 이 세계는 인과의 법칙에 의해 에너지가 뭉치고 흩어지며 순환하고 있다. 우리는 영적 진화를 위해 수많은 생을 윤회하면서 현재의 삶을 살고 있다. 그런데 이 현재의 삶은 과거의 영향을 받게 된다. 봄에 어떤 씨앗을 파종하느냐에 따라 가을에 수확하는 곡식이 다르듯이 뿌린 대로 거두는 것이 이 세계의 법칙이고, 유전자 정보의 흐름을 구성하는 염기가 된다.

우리 각자는 영적 진화를 위하여 내면에 깃든 영혼이 스스로의 삶을 안배하고 창조하게 된다. 그것은 본인의 영적 진화 정도에 따른 학습 과정의 차이가 발생하므로 삶의 다양한 환경과 사건을 각자 다르게 연출하게 된다. 결국 유전자 지도는 자신의 자유의지가 창조한 것이고, 이 지구의 무대 위에서 연극을 하며, 각자의 역할을 통해 공부하고 있는 과정인 것이다.

유전자 정보 속에는 자신의 축적된 경험과 생을 살면서 배워야 할 여러 가지 영혼의 과제가 씨앗 상태의 에너지로 각인돼 있다. 이 잠재된 에너지의 씨앗이 삶의 과정과 환경에 따라 발아가 되면 다양한 현상으로 드러나게 된다. 따라서 자신에게 일어나는 모든 현상과 환경은 본인 스스로 안배하고 창조한 것이므로 순응하며 받아들이고, 거기서 교훈을 얻으려고 항상 노력해야 한다. 남에게 잘못을 돌리지 않고 자신을 객관적으로 관찰하면서 순응할 수 있다면 잠다운 삶의 유전자 공부를 한 사람이라고 할 수 있다.

유전자 정보를 해석해야 하는 이유

유전자 정보 속에는 한 개인의 축적된 경험과 영적 진화의 정도가 에너지로 입력되어 있다. 즉 가족과 대인관계 속에서 발생하는 여러 가지 일과 질병인자, 본인이 살아가면서 배워야 할 인생의 경험과 교훈, 삶이라는 틀 속에서 스스로 변화하고 개선해야 할 부분 등이 들어 있다. 이렇게 입력된 정보를 잘 해석하여 순응하고 자족하는 삶을 살고자 하는 데 그 목적이 있는 것이다.

자신의 심상, 습관, 인과 등을 잘 살펴 순응, 겸손, 이해하는 태도를 배양하여 바깥으로는 열심히 생활하고, 안으로는 정신과 물질의 조화를 이루어 중도를 취함이 중요하다. 삶 속에서 자신의 역할과 상태를 잘 이해하여 영적 진화에 도움이 되어야 한다.

유전자 정보 속에는 수많은 습관과 성정이 기록되어 있으며, 그 정보에 의하여 어떤 결과가 도출될 것이라는 에너지 흐름이 존재하게 된다. 그러므로 과거와 현재의 자신의 상태를 잘 관찰하여 나쁜 습관과 성정을 개선하고자 노력해야 하며, 본인의 노력으로 안 되는 부분은 인과의 법칙으로 순응하여 받아들이면서 그 속에서 교훈을 배워야 한다.

현재의 결과는 본인 스스로가 만들었기 때문에 이를 순응하고 감사하게 받아들이면 삶의 고통과 불만, 원망은 사라지게 된다. 이것을 잘 이해하면서 감사와 자족하는 삶을 살기 위해 열심히 노력한다면 인생은 보다 밝고 행복할 것이다. 미래는 완벽히 결정되어 있는 것이 아니라 우리 삶의 자세에 따른 결과이므로 현재 본인의 선택과 노력이 중요하다.

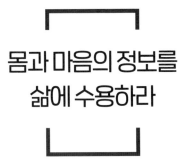

몸과 마음의 정보를
삶에 수용하라

유전자 정보를 긍정적으로 보는 목적을 정리해보면 다음과 같다

　첫째, 중화中和되는 삶을 목적으로 한다. 형이상학과 형이하학의 두 세계를 이해하고 관찰함으로써 물질적 현상 속에서 정신적인 수양을 조화롭게 하는 것이 목적이다. 그러기 위해서는 본인의 현재 상태, 유전자 정보의 메시지를 잘 이해하고 관찰해야 한다.

　둘째, 현재 상황을 이해하고 자신에게 일어나는 모든 사건을 포용하고 순응하며 상대를 용서해야 한다. 모든 현상은 인과법으로 돌아가고, 그 원인이 사신에게 있는 섯이므로 이것을 확실히 이해한다면 인생은 보다 평화롭고 행복해질 것이다. 모든 사건은 자신이 창조하고 안배한 것이며, 그 사건을 통해 신이 본인에게 메시지를 보내는 것이다.

셋째, 자신의 타고난 그릇 상태와 역할을 잘 이해해야 한다. 부족한 부분은 열심히 공부하여 채우고, 나쁜 습관은 절제하는 자세를 갖도록 노력해야 한다. 또한 자신의 분수를 헤아려 지족하며, 탐욕과 헛된 망상을 배제해서 자신의 내면을 여유와 평화로 채워야 한다.

넷째, 모든 현상과 사건은 자신 스스로 만든 것이므로 일체를 영혼이 진화하기 위한 학습의 여정으로 여겨야 한다. 물질적 고통, 질병, 소외감, 배신 등 여러 가지 시련과 고통은 물질보다 높은 영혼의 영역으로 눈을 돌리게 하는 촉매제다. 이 세상에 고통이 없다면 종교도 없을 것이다. 잠에서 깨어나지 않는 자신을 위해 할 수 없이 어머니가 야단 치고 때리듯이, 고통과 시련은 신이 우리의 영혼을 깨우쳐 큰 우주심宇宙心으로 마음을 돌리게 하는 메시지이다. 이것을 빨리 깨달아 조화로운 삶을 추구하면 문제는 사라지게 된다.

다섯째, 예방 차원으로서 각종 질병과 재난, 사고, 헛된 망상, 집착 등을 깨달아 개선해 나가야 한다. 질병은 치우친 몸과 마음의 습관에서 오므로 이것의 조화를 통하여 질병을 예방하고, 세상에 이로움을 줄 수 있는 사람이 되어야 한다. 질병은 심신의 부조화와 외부의 영향으로 발생하지만 본질적인 원인은 항상 보이지 않는 정신에서부터 발생한다. 필름이 훼손되면 영화 속의 사람이나 물건이 흐트러지고, 전기가 나가면 영화 자체가 상영이 안 되듯이, 인체도 보이지 않는 에너지와 그 에너지를 움직이는 영혼의 청사진이 중요하다. 올바른 몸과 마음가짐이 서로 조화를 이룰 때만 진정한 건강이 유지된다. 과거의 습관으로 야기되는 헛된 집착과 탐욕을 잘 다스려 미래의 고통을 예방하고 좋은 습관으로 개선하려는 목적인 것이다.

우리는 주위에서 '되물림이 되었다'는 질병을 자주 보게 된다. 과학적으로 이야기하면 이 되물림병은 유전병인 것이다.

우리가 한 가지 생각을 계속하게 되면 누적이 되어 습관이 되고, 습관은 무의식중에 행동으로 나오게 된다. 결국 유전자 정보라는 것도 과거의 한 생각으로부터 비롯되었다는 것을 알 수 있다. 우리의 눈에 보이고 만져지는 물건도 쪼개고 또 쪼개면 하나의 파동 에너지로 존재한다. 물건이 보이지 않는 파동에서 시작되었듯이, 우리의 언행도 유전자 정보 속에 각인된 한 생각으로부터 일어나는 것이다. 결국 언행이라는 것은 파동으로 입력된 정보의 풀림이자 소리이다. 사각의 판 위에 모래를 두고 특정 주파수를 흐르게 하면 그 주파수에 상응하는 형상이 나타난다. 그것은 곧 '소리 = 파동 = 정보가 외적 현상을 결정짓는다'는 실험의 한 단면을 보여주는 것이다.

한의학에서는 '관형찰색觀形察色'이라고 하여 그 사람의 음성, 빛깔, 냄새 등을 보고 질병과 심상을 유추한다. 이것 또한 그 사람의 내적 정보를 판독해 내는 한 방법인 것이다.

그럼 이 입력된 정보를 어떻게 변화시킬 수 있을까. 단단하게 굳어진 쇠는 뜨거운 용광로 속에서 녹인 뒤 다시 형틀 속에 부어 새로운 모양으로 탄생하게 된다. 하드웨어에 입력된 정보를 지운 뒤에 다시 새로운 정보를 기억시켜 작동을 시키면 새로운 정보가 나온다. 즉 굳어진 배열을 깨뜨려 '무질서(혼돈)'에서 다시 '재배열(질서)'로 환원시키는 것이다.

모든 것은 파동(떨림 = 진동)의 상태에 의하여 그 배열과 형상을 달리하므로 외적 형상이나 배열을 바꾸기 위해서는 근원적 파동에 변화를 주어야만 가능하다. 근원적 파동은 '우주의식 = 무한 에너지 = 신 의식 = 성인의 상태'라고 볼 수 있다. 그러므로 성인과 접촉하여 병이 낫고 마음이 변화되며 기적이 창출되기도 하는 것이다. 이런 현상은 개인이 대우주의 무한 에너지와 공명 현상을 일으킬 때, 대우주의 빛과 떨림이 과거에 각인되어 있는 정보를 지우고, 그곳을 사랑과 평화, 치유의 에너지로 채우기 때문에 일어난다. 즉 새로운 정보가 입력된 상태라고 볼 수 있다.

많은 종교 단체의 기도 행사, 수련 중에 신비한 체험을 하여 병이 낫기도 한다. 정작 본인은 왜 그런지를 설명하지 못하는 경우가 많은데, 이런 이치를 모르기 때문이다.

자궁에서 탄생하는 것이 첫 번째 생일이라면, 우주의 빛과 신의 축복 속에서 거듭나는 것이 진정한 부활이자 거듭남이다.

유전적 질병이나 나쁜 습관, 기호 등은 오랜 시간 동안 굳어진 것이다. 이것을 노력으로 바꾸는 데는 한계가 있지만, 우주의 거대한 에너지에 집중함으로써 우리는 변화된다. 우주의 진리가 사랑이자 평화이므로 자신을 비우고 우주의식에 주파수를 맞추면 우주의 빛과 떨림이 자신을 변화시킬 것이다.

우리의 삶은 완성을 향하여 날마다 진화하고 있는 과정이다. 둥근 굴렁쇠가 잘 굴러가듯이, 원만하고 둥근 마음은 이 세상에서의 삶을 잘 굴러가게 한다.

어린아이가 연필을 잡고 글씨를 쓸 때, 손에서 힘을 빼면 뺄수록 엄마가 자유롭게 교정해줄 수가 있다. 이기심을 버리고 대우주의 힘에 집중하면 할수록 그 힘에 의하여 씻기고 새롭게 태어나는 것이다. 이때 우리는 하늘에서 이룬 것 같이 땅에서도 이룬 상태가 되며, 우리의 세포를 춤추게 하는 것이다.

근원적 치유와 마음의 속성

우리의 마음은 참 신묘하기 그지없다. 마치 도깨비 방망이처럼 원하고 두드리는 대로 노력에 의해 무엇이든 창조하는 능력을 갖고 있다. 마음은 눈에 보이지도 들리지도 잡히지도 않지만, 이런 마음을 두고 다양한 표현을 할 수 있다.

마음에 걸림이 없게 하라. 마음에 담아 두지 마라. 마음이 천 근 같다. 마음을 넓게 써라. 천지를 당신 마음 안에 담아라. 마음먹은 대로 된다. 마음의 눈으로 보라. 마음의 소리에 귀를 기울여라. 마음이 답답하다. 마음이 찹찹하다. 마음이 좋다.

마음은 살아 있는 생명체 같기도 하고, 때로는 고무줄 같기도 하며, 주머니 같기도 하다. 확실한 것은 이런 마음을 우리가 매 순간 쓰고 있다는 것이다. 이런 마음의 속성을 잘 이해한다면 건강 관리나 삶 속에서 많은 도움이 된다.

마음의 속성은 공空이라고 볼 수 있다. 텅 비어 있으나 모든 것을 창조할 수 있는 에너지를 갖고 있기에 마음먹은 대로 드러나는 것이다. 그러므로 긍정적인 것을 생각하고 집중하면 긍정적인 현상이 나타나고, 부정적인 것을 생각하고 집중하면 부정적인 현상이 나타난다. 도화지의 하얀색 바탕에 그림을 다양하게 그릴 수 있듯이, 우리의 마음도 비어 있음으로 해서 다양한 창조를 하는 것이다. 9층탑을 하룻밤에도 몇 번을 쌓았다 허물었다 할 수 있는 것이 마음의 위대한 힘이다.

한평생을 같이 살아도 그 마음 안에 배우자가 담겨 있지 않으면 진정한 사랑이라고 할 수 없고, 한 번을 만나도 마음에 그 사람이 존재한다면 시공을 초월하여 사랑은 영원하다.

세포도 마음이 감응하지 않으면 움직이지 않는다. 마음은 자기가 사용하기에 따라서 다양하게 작용한다. 마음에 고뇌가 있으면 몸이 천근만근 같다고 하는데, 실제로 몸이 무거워 움직일 수 없다. 마음을 넓게 써서 상대방의 잘못이나 실수를 웃음으로 넘겨버리고 이해하며 감싸주면 되는 것이다.

마음에 어떤 색을 칠하느냐에 따라 즐거운 마음이 되기도 하고, 슬픈 마음이 되기도 한다. 한 생각에 마음의 도화지는 색칠을 달리하므로 내 자신의 마음을 잘 써야 한다.

하늘에 구름이 걷히면 태양이 빛나고 있듯이, 마음이 맑게 비워져 있다면 진리의 태양은 늘 우리에게 속삭일 것이다. 반면 마음이 번뇌의 먹구름으로 뒤덮여 있다면, 어둠은 태양이 없다고 생각할 것이다. 지렁이가 태양의 존재를 모르지만, 태양은 늘 빛나고 있는 것처럼 말이다.

알아두면 쓸모 있는 건강 상식

심신영(心身靈)으로 본 질병의 원인

심心 에너지 흐름에 영향을 끼치고 장부에 영향을 주는 원인

- 대인관계에서 오는 스트레스와 억압된 감정
- 어린 시절의 충격과 공포 등
- 주위 환경 에너지에 반응하여 인체 에너지의 변화
- 마음속의 상처, 증오, 분노, 슬픔 등

신身 신체에 영향을 끼치는 원인

- 생활 습관의 부조화(수면 상태, 식습관, 자세 등)
- 기후의 영향(지역, 거주지, 작업 환경 등)
- 환경의 영향(전자파, 주위 물건의 에너지, 옷, 건축 자재 등)
- 신체 골절, 타박상, 근육 이상, 수술, 장기이식, 성관계의 치우침 등

영靈 잠재의식 또는 무의식의 영향으로 끊임없는 내적 부조화를 일으켜 에너지 흐름을 교란시키고, 감정의 부조화와 신체의 이상으로 드러나는 원인

- 과거로부터 입력된 부정적 정보
- 유전된 기억의 정보
- 충격적 과거의 기억

위 세 가지는 각기 따로 존재하는 것이 아니라 상호 연결되어 서로 영향을 주고받는데, 그 연결고리가 바로 파동 에너지이다. 질병은 본인 스스로 창조한 것이니 만큼 결국은 받아들이거나 스스로 변화해야 한다. 순응하는 마음 자세 속에서 긍정적으로 삶을 살면 심신영의 연결고리인 파동 에너지가 시공과 물질, 비물질을 초월하여 치유 에너지로 넘치게 된다. 이것은 과거와 미래로 전이돼 병의 근본적 원인을 변화시키고 현재와 미래까지도 긍정의 파동 에너지로 가득 차게 하는 것이다.

섭생법의 차이로 본
서양인과 동양인의 비교

서양인	동양인
• 유목생활, 개척과 정복의 문화로 공격적 • 핵가족 제도, 개인주의, 실용주의 • 동물을 종속 존재로 간주 • 육식으로 인체가 열성 체질 • 냉채, 샐러드와 소스 발달 • 말린 고기, 훈제식 등 육식과 유제품 및 향신료 발달 • 야외생활로 침대문화 발달 • 아기를 낳으면 찬물로 목욕	• 정착생활, 농경생활의 곡채식 문화로 평화적 • 대가족 제도, 자연보호사상, 허례의식 • 동물을 친구로 생각 • 냉성 체질이라서 온돌문화 발달 • 발효음식, 저장음식 발달 • 곡채식으로 인한 지혜 발달, 손으로 하는 일이 발달 • 의식주 문화에 자연친화적 소재 사용 • 아기를 낳으면 따뜻한 물로 목욕
육식 성향이 문화에 미치는 결과	**채식 성향이 문화에 미치는 결과**

• 안에서 밖으로 종을 치는 습관
  (자기 중심적 사고)
• 왼쪽에서 오른쪽으로 글쓰기,
  수평적 사고(언어의 존댓말 부재)
• 물질문명 발달, 분석적 합리적 사고,
  종합적 철학의 부재
• 합리적 사고와 대량 급식 문화로
  요리 레시피 발달
• 콘크리트나 시멘트 건물 시설
  (열성 체질에 맞음), 아파트 문화
• 마음이 열려 있고 여유가 있으며 꾸밈 없음
• 감정 표현이 솔직하고 직선적이며
  유머가 있음
	• 밖에서 안으로 종을 치는 습관(포용력)
	• 위에서 밑으로 써 내려가는 글씨체
	  (오른쪽에서 왼쪽으로) 등의 수직적 사고
	• 정신문화 발달, 철학의 발달,
	  대우주적 사고
	• 음식의 정성과 감각을 중시(손맛과 마음)
	• 나무와 돌, 흙으로 만든 건물(냉 체질 적당)
	• 너무 정에 이끌려 집착심이 강함
	  (집단이기주의 초래)
	• 감정 표현이 서툴고 포장을 함

서양과 동양이 만나면 (+)가 되어 완성이 된다(물질과 정신의 조화). 얼굴의 십자가는 미소가 만들어주며, 마음의 십자가는 동서남북으로 열린 마음이 만들어준다.

CHAPTER 3

건강하고 행복한 삶을 위하여

마음이 꼬이면 장부臟腑도 꼬이고,

마음이 통하면 장부도 통한다.

치유의 원리와
의사의 역할

한 가지 질병에 대한 여러 가지 치료법이 있겠지만, 그 질병에 가장 잘 맞는 치료법을 선택하는 것이 중요하다. 지금 시행되고 있는 치료법을 열거해보면 침, 뜸, 약, 수술, 부항, 사혈요법, 안마, 마사지, 기공, 요가, 스트레칭, 음악요법, 색채요법, 향기요법, 식이요법, 최면치료, 단식법, 동종요법, 명상 등 수많은 요법과 민간처방 그리고 대체의학 등이 있다.

치료법마다 각각의 장단점이 있지만, 이 모든 치료법을 하나로 꿰뚫고 있는 근본 원리가 파동이다.

세포는 공空으로써 존재하고, 비어 있음으로써 주위의 환경이나 본인의 신구의身口意에 따라서 울림을 달리한다. 좋은 재질의 종을 숙련된 사람이 치면 맑고 좋은 소리가 나듯이, 세포도 신구의가 청정하고 주위 환경이 좋으면 긍정적인 파동을 내게 된다.

우리의 의식 또한 좋은 에너지(훌륭한 스승, 경전, 좋은 단어, 생각 등)에 파장을 맞추면 거기에 동조하는 파동이 심신(세포)을 울리게 된다. 그 결과, 의식은 늘 화평하고 맑으며 인체도 밝게 빛나는 되는데, 우리의 의식과 신구의 그리고 환경이 얼마나 청정한가에 따라서 세포는 공명을 달리하는 것이다.

만약 스트레스가 많다면 등산이나 달리기를 하고, 때로는 노래방에 가서 노래를 부르기도 하며, 또는 연극을 봄으로써 대리만족과 역지사지를 배울 수도 있다. 그리고 명상으로써 고요히 자신을 관찰할 수도 있는데, 이는 질병의 상황에 따라서 대기묘용對機妙用해야 한다.

항상 대자연에 순응하는 자세로 과욕을 부리지 말고, 평화롭게 사랑을 베푸는 삶이 된다면 행복과 건강은 저절로 따라온다. 따라서 희생과 봉사로써 사랑이 일깨워지고, 고난을 통해 영혼이 성숙되는 법이기 때문에 항시 긍정적인 사고가 중요한 것이다.

의사의 역할

인체의 조화가 깨지면 각종 증상이 나타나고, 의사는 검사를 통해 병명을 붙이며 그에 맞는 치료를 하게 된다. 한 가지 병에 치료 방법은 수십 가지이고, 각종 민간요법과 대체요법의 정보 속에서 최선의 방법을 선택하기는 쉽지 않다. 정확하게 그 경계선을 나눌 수는 없지만, 최선의 선택을 하여 적절한 치유가 되기 위한 방법을 나누어보면 다음과 같다.

첫째, 육신의 치료

고전 물리학에 바탕을 두고 물질적 접근으로 보는 방법이다. 인체를 통합적인 것이 아닌 기계 부품처럼 생각하여 각 장부를 별개의 것으로 여기고 치유하는 것이다.

이런 치유는 주로 외과적인 질환에는 유효하지만, 내과적인 장기 손상으로 인하여 외부로 드러난 질병에는 근본적 치유가 어렵다. 겉으로 항생제나 연고, 수술 등으로 증상을 없앨 수는 있지만, 다시 재발하거나 다른 부위로 병이 전이되는 등 더 심해지는 결과를 초래하기도 한다. 따라서 인체를 심신영心身靈의 통합적 사고로 전환해야 한다.

둘째, 육신과 에너지의 상호보완적 치료

인체를 육체적인 부분만이 아니라 에너지와 정신의 복합체로서 인식하고, 질병의 원인을 에너지의 부조화(내적인 감정의 부조화나 외적인 기후의 영향, 환경 등)에서 기인한다고 본다.

통합적이고 근원적인 치료를 위해 동양의학의 침, 뜸, 마사지요법, 기공, 민간요법(수기요법, 지압, 약초 등)과 접골, 무예, 인도 의학, 음악요법, 빛요법, 향기요법, 자기요법 등을 사용한다.

결국 인체의 에너지 흐름을 좋게 하기 위한 방법이며, 육체와 에너지 차원의 치료이다. 바다, 강, 하천, 논밭의 흐름이 있다면 강과 하천의 흐름에 해당하는 치료법이다. 일명 경락 치료에 해당하며, 물질인 육체와 에너지 차원의 치유를 가능하게 하시만, 영석 자원(유전자 정보)의 병은 치유하기가 곤란할 때가 많다.

셋째, 육신과 에너지, 영적 존재로서의 통합적 치료

좀 더 고도화된 치료 방법으로서 인체를 육신과 에너지의 영적인 부분으로 인식하고 치유하는 방법이다.

치유의 가능성 여부는 의사의 지혜와 내적 힘을 필요로 한다. 의사의 지혜와 힘은 명상이나 수련으로써 얻어지며, 그 정도에 따라 치유의 영역과 효과는 달라진다. 요즘 서양에서 연구되고 인기를 끌고 있는 수기요법手氣療法은 대부분 이런 이치를 바탕으로 응용하고 있다.

인간의 각종 질병은 본인의 감정과 외부 영향(음식, 환경, 대인관계 등)의 복합적인 산물이며, 심지어는 과거의 지워지지 않는 기억(어린 시적의 충격 등) 등이 각종 질병을 일으키기도 한다. 생활 습관의 교정으로 원인을 바로잡고, 이런 반성을 통한 삶에 대한 적극적이고 밝은 자세로써 긍정적 에너지를 흐르게 하고 내적인 진리로 인도해야 한다.

술과 담배, 육식을 좋아하고 좋지 않은 부정적 감정의 소유자라도 수련으로 얻어진 힘이 있어 상대를 치유할 수는 있으나 그것은 탁기濁氣로서, 구정물로 옷을 씻어 말리는 것과 같으므로 청정한 신구의가 기본적 소양이다.

요즘 기氣 치료법이 유행하고 있다. 그러나 기 치료사 자신의 신구의가 깨끗하지 못한 상태에서 기를 주게 되면 상대가 오염될 수도 있음을 알아야 한다. 이 방법은 바다가 근원이라면 강에 해당하는 치유 방법이다. 에너지 차원 또는 상위의 부분에서 행해지는 치료로서, 고도의 지혜와 수련을 요구하며 치유 효과가 바로 나타날 수도 있고 늦게 나타날 수도 있다. 늦게 나타나는 것은 에너지 차원에서 육체 차원까지 파급되는 시간이 있기 때문이다. 높은 지혜를 소유한 사람은 인과因果로 생긴 질환을 환자의 협조와 동의에 의하여 조절할 수 있다.

참고로 유전자 정보 속에 깊이 각인된 인과로 인한 질병은 약이나 침, 뜸 기타 치료로도 잘 낫지 않는 경우가 많다. 당사자의 인과가 다 녹았을 때 저절로 낫는 것이며, 함부로 인과에 개입해서도 안 된다. 왜냐하면 고통, 아픔이라는 과정을 통하여 영혼이 인과의 법칙을 이행하고 있는데, 다른 사람이 간섭을 하게 되면 우주의 질서를 깨뜨리는 것이고, 간섭한 당사자가 그 인과의 영향을 받으므로 유의해야 한다.

오직 뛰어난 능력을 가진 사람만이 이에 대한 전체적인 상황을 알 수 있고, 또 조절할 수 있는 것이다.

넷째, 영성과 깨달음

가장 근원적인 치유의 단계로서 일체의 기구나 손, 형식적인 도구를 필요로 하지 않으며 보상을 요구하지도 않는다. 우주의 삶의 근원적인 이치를 알게 하고, 생로병사를 초월한 세계로 이끌어 주는 소위 '큰스승' 이라고 불리는 분들이다.

근원적인 바다에 해당하는 전지전능한 치유 방법으로서 인간의 가장 근원적인 '무지無知의 병'을 깨치게 하여, 이로 인해 생기는 각종 정신적, 육체적 고통과 번뇌로부터 영원히 자유롭게 해주고자 진리의 감로수를 처방한다. 또한 오직 사랑과 희생의 모범으로써 많은 사람을 비추고, 가장 높고도 낮은 곳에서 겸손하게 일체의 고통을 안아준다. 고요히 같이 있거나 그분을 생각하고 간절히 기원하는 순수함 속에서 치유는 저절로 일어난다. 바다와 같이 그 힘은 깊고도 넓어 다함이 없고, 공기와도 같아 언제나 우리 곁에 있으며, 태양처럼 늘 주기만 할 뿐 일체의 보상을 요구하지 않는다. 가장 근원적인 '무지의 병'을 치유할 때 비로소 사람은 거듭나고 새로운 눈을 떴다고 할 수 있다.

극장에서 영화가 상영되는 원리를 보면 질병이 발현되는 것과 치유되는 원리를 이해할 수 있다. 화면에 영상이 나오기 위해서는 필름이 있어야 하고, 뒤에서 쏘아주는 빛과 전기가 있어야 하며, 그것이 비쳐지는 화면이 있어야 한다.

인체도 정보가 저장되어 있는 '뇌'와 정보를 실현할 수 있는 '인체의 신경망과 기혈의 흐름' 그리고 그것으로 움직이는 '오장육부五臟六腑와 사지四肢' 등 신체 각 부위로 나눌 수 있다. 결국 질병이 극장의 화면과 같이 외부로 드러난 것이라면, 그 이면에는 에너지 흐름과 정보의 부조화가 원인이 되는 것이다.

어떤 사람이 충격이나 배신감으로 큰 상처를 입었다든지, 또는 사람과 세상을 싫어하는 마음이 깊어져 계속 되뇌이면, 결국 이것이 그 사람의 의식 속에 깊이 각인된다. 영화 필름 속에 영상이 기록되는 것과 유사한 것이다. 이렇게 되면 몸속의 에너지는 의식 속에 각인된 정보에 의해 흐르게 되며, 이것이 쌓이고 굳어져서 질병으로 나타나게 된다. 이 원리는 과학에서 이야기하는 '주파수가 형태를 만들어 낸다'는 것과 다르지 않다.

우리의 의식은 창조에 대한 근본 설계도를 만드는데, 이것이 구체화되는 과정이 반복된 생각이며, 그 생각을 집중할수록 에너지가 모이게 된다. 그리고 에너지가 모여 점점 굳어지면 직접적 현상으로 나타나게 되는 것이다. 치유를 한다는 것은 이런 부조화된 정보와 기혈의 흐름을 바로잡아 원래의 상태로 복원시키는 과정이다.

긍정적 사고는 모든 치유의 근본이며, 감사하는 태도와 사랑하는 마음은 늘 우주의 에너지 문을 열어주는 만능키와 같다. 이때 우리의 세포는 우주적 사랑의 물결 속에서 춤을 추게 된다.

우리는 왜 행복한 삶을 살아야 하고 건강해야 할까. 신이 창조한 우주와 지구는 평생을 체험하고도 모자랄 만큼 아름다움과 경이로움이 가득하기 때문이다. 아름다운 자연 속에서 신의 다양한 부분을 느끼고 하나 되며, 진선미眞善美의 다양한 표현을 체험하기에는 우리의 생은 너무 짧은 시간일지 모른다. 그러므로 매 순간 깨어 신의 말씀에 귀 기울이고, 다양한 기적과 아름다움을 느끼기 위해 노력해야 한다.

아름다운 태양과 물결을 박차 오르는 갈매기, 바다의 눈부신 반짝임, 석양에 비치는 감나무 가지 위의 홍시와 까치, 우거진 녹음 속을 뛰어다니는 동물 등등 생명력으로 살아 숨 쉬는 녹색 지구의 모든 것이 기적이고 신의 진선미이다.

우리는 건강해야 하고 아름다운 인생을 살아가야 한다. 육신을 갖고 사람으로 태어났다는 것 자체가 이미 죽목이자 선택된 삶이므로 자부심을 가지고 살아야 하는 것이다. 감정이라는 센서를 통해 신의 다양한 품성을 체험하며 인생의 파노라마를 살고 있기에 우린 행복한 것이다.

　이 세상과 이웃을 위해 무엇인가를 나눌 수 있고 봉사할 수 있을 때 우리의 세포는 춤을 춘다. 우리의 세포는 우주의 사랑과 평화, 희열에 공명을 하며, 진정 치유는 그때 일어나는 것이다.

현대영양학과
의학이 나아갈 방향

날마다 수많은 사람이 사형 선고를 받고 있다. 법정의 방망이가 아닌 의사의 입을 통해서 사형 선고가 내려지는 것이다.

> "선생님은 암인데 수술을 하면 5년 살 수 있고, 아니면 1년을 넘기기 어렵습니다."
> "수술을 하고 약을 꾸준히 복용하면 낫지만 퇴원하시면 완치가 어렵습니다."

권위 있는 의사에게 들은 소리는 우리의 뇌에 입력되고, 실제로 우리의 몸은 입력된 정보대로 반응하기 시작한다. 놀라운 것은 많은 환자가 이런 암시적 처방에 의해서 스스로 본인 건강에 한계를 짓고 자포자기하

271

며, 이로 인해 생명이 단축되고 있다는 점이다.

우리의 몸을 이끌어가고 있는 주인은 마음이자 정신이며, 더 나아가서 영혼이다. 의사는 환자의 자연치유력을 극대화할 수 있도록 긍정적인 말로 용기를 북돋워주어야 한다.

병원에서 포기한 불치병 환자가 단식이나 신앙, 민간요법, 운동 등으로 회생하는 경우를 종종 보게 된다. 몸에 이미 내재된 힘이 극대화될 때, 이런 기적들이 일어나게 되는 것이다. 왜 살아야 하는지 분명한 대의명분을 갖고 좋은 환경에서 긍정적 자세로 치유에 임했기 때문이다.

몸에 상처가 났을 때 저절로 아무는 것도 자연치유력이고, 나쁜 것을 먹었을 때 토하거나 설사하는 것, 나쁜 가스가 찰 때 재채기를 하는 것 모두 자연치유력의 발로이다. 의사는 환자의 자연치유력이 극대화될 수 있게 몸과 마음의 환경을 최적 상태로 유지되도록 도와주어야 한다.

'자연을 가까이 하면 과학은 멀어진다.'고 했다. 의사와 약사는 이런 점을 잘 인식하여 겸손하게 환자를 대하고 자상하게 보살펴야 한다. 환자도 자신 안에 깃들어 있는 자연치유력을 최고의 의사로 믿고 신임해야 한다. 몸속의 유전자는 최첨단 과학보다 더 뛰어난 시스템을 갖추고 어떤 고장도 복구할 힘과 능력을 지니고 있다. 따라서 우리의 믿음이 가장 중요하다.

현대영양학에서는 동물 실험을 통계로 한 칼로리의 이론과 영양학 등을 사람에게 적용시켜 왔다. 단백질 신화는 육식과 유제품의 섭취를 권장하였고, 그 결과 성인병이라 불리는 비만, 심혈관계질환, 당뇨, 아토피 등의 환자가 증가하였다. 축산업이나 낙농업을 하는 기업들이 이익 창출을 극대화하기 위하여 TV, 인터넷 등을 통하여 국민을 세뇌시키고 속이며, 국민의 건강을 담보로 자신들의 이익을 취해 왔던 것이다.

결국 항상 피해를 보는 것은 정보에 어둡고 순수한 국민들이며, 후진국이나 농어촌에서 사는 사람들이다. 돈이 넉넉하지 못하다 보니 고기나 약도 싼 것을 많이 섭취하게 되고, 점점 더 노폐물은 체내에 쌓여만 간다.

막상 병이 발생해도 운명이려니 하고 순응하며 평생 약에 의지한 채 살아가는 착하고 순수한 사람이 너무 많다. 중병이 생겨도 돈이 없어 치료도 하지 못하고, 더욱 애석한 것은 아픈 원인이 중금속이나 화학제품, 농약, 부패한 음식 등인데도 그것을 모르고 있다는 점이다. 왜냐하면 너무나 존경하며 믿을 수 있고 학식 있는 분들이 TV에 나와 그렇게 말하니까 말이다.

최첨단 의료시설을 자랑하는 미국에서는 이미 오래전에 성인병(생활습관병)을 고치기 위해서는 20세기 초의 자연식으로 다시 돌아가야 한다고 결론을 내렸다. 유럽에서는 음식을 통한 예방과 치유를 국가 정책으로 한 자격증 제도를 시행하고 있다.

가공하지 않은 음식과 각종 화학첨가물을 섞지 않은 음식, 천연으로 지은 농사의 곡류와 채소, 과일 등 이런 것이 우리의 진정한 먹거리이다.

우리가 분명히 인식해야 할 것은, 사람은 단백질이나 지방 등으로만 이루어진 육체적 차원이 아니라는 점이다. 세계보건기구는 건강의 범주에 '영적靈的 건강'이라는 부분을 추가하였는데, 사람은 육체적, 정신적, 영적 건강이 존재할 때 비로소 진정한 건강체의 인간이 된다는 것을 알게 되었기 때문이다.

우리는 신의 창조물로서 거룩한 존재라는 것을 스스로 인식할 때 생명 존중의 사상과 다른 생명의 소중함도 알게 된다.

20세기 초는 물질의 시대로서 경쟁이 주도하는 사회 구조였다. 그러므로 힘 있고 돈 있는 사람이 자신의 높은 위치나 이익을 추구하기 위하여 대중을 속이는 일이 많았다. 그러나 20세기가 끝나갈 무렵, 컴퓨터의 출현과 인터넷의 보급으로 은밀했던 비밀들이 대중에게 알려지기 시작했다. 양심 바르고 의로운 사람들이 있어도 제 목소리를 내지 못하다가 인터넷의 힘으로 지구촌이 하나 되는 세상이 된 것이다.

지구를 아름답게 가꾸는 일, 삶의 가치를 높이는 일에 많은 사람이 앞장서고 있으며 마음으로 후원하고 있다. 지구촌의 의식이 높아지면서 이제는 친환경적이고 미래를 생각하는 재활용, 자연적 먹거리와 복고풍에 관심을 기울이고 있다. 그리고 보이지 않는 여러 가지 현상을 최첨단 과학의 힘으로 증명하고 규명하고 있으니 참 고마운 일이 아닐 수 없다.

이제는 아름다운 지구를 위하고 우리의 행복한 삶을 위해서, 또 사랑스러운 후손을 위해서 과연 무엇이 우리에게 이로운 것인지를 생각하고 실천해야 할 때이다. 방관자로 서 있을 것이 아니라 적극적으로 참여하고 동참하는 사람이 되어야 한다. 의로운 사람과 착한 사람이 주인공이 되어 윤리와 도덕이 숨 쉬고 사랑과 평화가 충만한 지구가 되도록 노력해야 한다. 우리에게는 무엇보다도 숭고한 대의명분이 있기 때문이다.

지구의 평화와 지구촌의 행복을 위해 눈앞의 이익보다는 큰 마음과 넓은 시야를 갖고 의연하게 살아가야 하는 것이 이 시대의 필연성이다.

우리 몸은 해로운 것을 먹으면 외부로 빨리 배설하는 능력이 있다. 바다에서 고래가 죽으면 해변으로 떠밀어 보내 바닷물의 오염을 막는 것과 같은 이치다. 인체에서 발생하는 콧물이나 재채기, 피부병, 치질 등은 사실 그 자체가 병인 것이 아니라 노폐물이나 독소를 밖으로 배설하는 자연치유력의 힘이다. 이것을 약이나 연고 등으로 막아버리게 되면, 독소인 노폐물은 인체 내에서 쌓이게 되고, 종양이나 암, 세포 변질의 원인이 되는 것이다. 노폐물의 주범은 스트레스, 가공식품, 정제식품, 고기, 유제품, 중금속으로 물들어진 채소 등이다.

이렇게 보면 사실 무엇을 먹기가 겁이 난다. 그러므로 직접 농사를 지어 먹는 것이 가장 최선의 길이고, 그것이 어렵다면 믿을 수 있는 농촌 사람과 직거래를 하는 방법이 있다.

근원적으로 질 좋고 믿을 수 있는 우리 농산물을 애용해야 한다. 당연히 농산물값은 비쌀 수밖에 없지만 그것이 우리 농촌을 살리는 길이기도 하다. 농촌이 살면 자연스럽게 우리의 식탁이 천연 영양소로 가득해지고, 몸의 세포도 싱그러운 에너지로 활기를 찾을 것이다.

예전 한 음식 전문 케이블 TV에서 방영된 아토피 환자와 모 야구선수의 당뇨 개선에 관한 프로그램에서 식이요법만으로도 아토피와 당뇨, 고혈압이 현저하게 개선된 것을 볼 수 있었다. 그 식이요법의 주체는 현미와 된장, 김치, 채소 등 우리 조상들이 즐겨 먹던 자연식이다.

자연식을 선호하게 되면 자연스럽게 농촌이 살아나고 환경이 살아난다. 그 결과 악덕 기업들이 사라지고 양심 있는 기업들이 제 길을 찾게 될 것이다. 그리고 우리 가족이 건강해지고, 사라진 메뚜기와 잠자리도 볼 수 있게 되며, 약국이나 병원이 줄어들 것이다.

진짜 문명이 발달한 나라는 병원이나 약국이 곳곳에 있는 것이 아니라 사라진 곳이라는 발상의 전환을 해볼 필요가 있다. 자연식품을 적절히 섭취하고 마음이 편안하여 모두가 건강하다면 의사와 약사도 같이 모내기를 하는 세상이 올 것이다.

치유는 몸과 마음의
환경 개선으로부터

질병을 치유하고 나서도 재발하는 경우를 흔히 보게 된다. 도박하는 사람이 도박을 끊지 못하면 빚은 늘어만 가고 가족은 뿔뿔이 흩어지게 된다. 질병의 근원적 뿌리인 습관도 개선하지 않으면 이처럼 똑같은 환경이 조성되고, 그 환경을 좋아하는 유해균이 서식하게 되는 것이다.

질병의 개선은 생활 습관의 총체적 개선에서부터 시작되며, 바로 지금 개념을 바꾸는 것으로부터 치유의 반은 시작된다.

식사만 하고 나면 졸음이 심하게 오는 사람이 있다. 소화기가 특히 약한 사람이 과식을 한 것이 원인인데, 소화제만 먹는다고 그것이 치유되시 않는나. 과식하는 습관을 소식으로 바꾸고, 천천히 꼭꼭 씹어 먹는 습관을 갖는다면 소화제는 필요 없어지고 식곤증도 사라지게 된다. 습관을 바꾸는 것이 바로 치유로 연결되는 것이다.

피부가 짓무르는 피부병이 생겼을 때 아무리 연고를 바르더라도 낫지 않는 경우가 허다하다. 방에 습기가 많아 벽지에 곰팡이가 생겼을 때는 보일러를 돌려서 방을 따뜻하게 하여 건조시켜야 한다. 반대로 난방을 하지 않고 벽지만 새로 도배한다면 머지않아 곰팡이가 다시 생기게 된다.

병이 재발하는 원인, 그것은 곧 환경이 바뀌지 않은 탓이다. 오염된 양재천을 복원하자 사라졌던 물고기와 야생 조류, 철새들이 다시 돌아오기 시작했다. 환경이 바뀌고, 그 환경에 맞는 동식물이 둥지를 튼 것이다.

유익한 균은 좋은 환경을 좋아하므로 인체에 유익한 작용을 한다. 유해균은 나쁜 환경을 좋아해서 인체에 나쁜 독소를 방출하며, 세포의 변질을 초래한다. 사실 균 자체를 나쁘거나 좋지 않다고 말할 수는 없다. 나쁜 환경을 조성한 습관이 잘못된 것이다.

딱딱하고 더럽고 썩은 것을 치우는 것이 원래 세균의 임무이다. 자연에서도 이런 세균이 없다면, 자연은 온통 죽어 있는 동식물의 사체로 넘쳐날 것이다. 이런 세균이 있기에 다시 자연의 일부분으로 환원시키고, 식물은 그 영양분으로 잘 자라나는 것이다.

자연은 참으로 신묘하다. 모든 것이 음양으로 순환하면서 공생을 하고 있다. 이 음양 조화가 깨질 때 질병이나 재난 등이 오게 되는데, 이것도 사실은 조화를 회복하기 위한 자율적 운동의 하나인 것이다.

우리의 마음도 어떤 환경을 조성하느냐에 따라 여러 가지 현상이 나타나게 된다. 마음은 실체가 없지만 모든 병의 근원으로써 작용한다. 마음에 고민이 생기고 화가 나기 시작하면, 가슴이 답답해지고 머리에는 열이 나며 두통이 생긴다. 판단력이나 평온한 마음은 온 데 간 데 없고 원래의 내 마음이 아닌 듯하다.

차도 오랫동안 달리면 쉬어야 하고, 컴퓨터도 오래 사용하면 여러 가지 문제가 발생한다. 이처럼 우리의 마음이 비어 있고 걸림이 없을 때 자유롭고 평온한 상태가 되는 것이다. 이 평온한 상태에서 우리의 세포는 활기를 되찾고 에너지를 활성화시켜 치유의 에너지가 온몸을 적시게 된다. 몸과 마음의 적절한 휴식, 좋은 환경 그리고 조화롭고 절제된 습관 속에서 생명의 박동은 끊임없이 흘러가게 된다.

자연재해와 바이러스를
예방하는 방법

지난 2004년 동남아에 밀어닥친 쓰나미의 여파로 무수한 인명이 사라졌다. 만물의 영장이라는 인간도 자연의 힘 앞에서는 무력한 존재일 수밖에 없다는 것을 새삼 느끼게 한 사건이었다. 그런데 이상하게도 동물들은 죽지 않았다고 한다. 미리 해일이 덮칠 것을 알고 높은 곳으로 피했기 때문이다.

지금도 지구촌 곳곳에서는 기상이변과 천재지변이 발생하고 있다. 강풍, 지진, 해일, 우박, 강추위, 이상고온 등등. 도대체 이런 이변이 근래에 왜 자주 발생하고 있을까.

천재지변뿐만 아니라 첨단의학을 비웃기라도 하듯 메르스, 코로나19를 비롯한 새로운 바이러스나 괴질이 속속 발생하고 있다. 세계 각국은 이를 해결하기 위해 천문학적인 의료연구비를 투자하고 있다. 그러나 현대의학이 간과하는 것이 있다. 아무리 좋은 항생체를 만들고 신약을 개발한다고 해도 거기에 비례해서 바이러스나 세균도 스스로 의식의 진화를 한다는 점이다. 비록 눈에 보이지는 않지만 바이러스나 세균도 엄연한 생명체이다. 이것을 무시한 채 박멸할 수 있는 항생제만 개발하면 될 것이라는 발상은 악순환을 되풀이할 뿐이라는 것을 잊어서는 안 된다.

지구촌에서 일어나는 이런 위협적인 문제들은 대부분 우리의 잘못된 의식과 생활방식에 원인이 있다. 우리는 이 점을 분명히 인식해서 의식과 사고를 전환하고 생활방식을 자연친화적으로 변화시켜야 한다. 그래야만 지구는 평화의 행성으로 거듭날 수 있는 것이다.

지구는 살아 있는 생명체로서 스스로 대기를 비롯한 환경을 조정한다. 그 조화를 이루려는 현상이 각종 자연재해로 나타나는 것이다.

몸에 때가 많이 끼어 있으면 때수건으로 강하게 문지른다. 당연히 통증도 수반되기 마련이다. 이와 마찬가지로 자연 역시 더러운 곳을 씻어내기 위해서는 어쩔 수 없이 태풍이나 해일, 지진, 괴질 등의 자연재해를 불러오고, 우리는 희생과 고통을 감수하여 인내해야 하는 것이다. 만약 우리가 지구를 깨끗이 사용하고 평화로운 환경을 조성했다면 이런 일은 일어나지 않았을 것이다.

몸속에 나쁜 균이 생기면 인체는 고열을 내어 균을 태워 죽인다. 때로는 재채기를 하여 뭉친 기를 풀거나 뚫기도 하며, 또 설사를 함으로써 독소를 배출하기도 한다. 지구도 살아 있는 생명체이므로 이와 유사한 증상을 일으키는 것이다.

우리의 마음이 즐겁고 희열에 차 있을 때, 얼굴은 홍조를 띠고 그 에너지가 밖으로 전사되어 다른 사람의 마음도 즐거워진다. 부부 싸움을 한 집에 들어가 보면, 그 사람들의 얼굴과 집안 분위기에서 어색하고 냉랭한 느낌을 받는다. 이것이 확장되면 지구의 의식까지도 영향을 받게 된다.

졸업식 날은 대부분 평균 강수량이 적고 비가 올 확률에 비해서 안 오는 날이 많다는 것이 미국 프린스턴 대학의 연구 결과를 통해서 밝혀졌다. 그리고 우리나라의 대학입시 날에는 여지없이 한파가 몰려온다. 이런 현상이 우연일까.

많은 사람이 간절하게 한마음으로 원하면, 하늘은 이에 감응하게 된다. 즉 사람의 의식이 지구의 의식에 영향을 끼친다는 것이다. 그래서 옛날에 나라가 흉년이 들거나 천재지변이 일어나면, 왕은 하늘에 제사를 지내면서 자신의 부덕함을 참회한다. 자신의 국사가 백성에게 이로움을 주지 못하면 원성을 사게 되며, 그것이 하늘에 감응해 천재지변이 일어났다는 것을 알았던 것이다.

이처럼 동서양을 막론하고 사람의 집단의식이 지구에 영향을 미친다는 것을 무수히 시사하고 있다. 지구촌에 많은 사람이 전쟁을 좋아하고 이기적이며 탐욕적인 의식을 가지고 있으면 이에 상응하는 에너지가 모이게 된다. 이것이 외적현상으로 드러나 각종 재해나 전쟁, 질병, 사고 등이 발생하는 것이다. 우리는 너나 할 것 없이 이기심과 물질적 가치관으로 인해 소중한 지구의 살림을 마구 황폐화시켰고 환경을 오염시켰다.

부정적 의식이 지구의 에너지를 교란시켜 전쟁과 분쟁, 기상이변, 괴질을 일으키고 있는 것이다.

집단의식은 현상을 일으키는 씨앗이며, 에너지는 서로 같은 주파수에 공명한다. 원인이 있으면 결과가 있는 법이다. 동물 학대와 도살, 육식, 살인, 전쟁, 이기심이 사라지지 않는다면 지구촌의 평화는 기대하기 어렵다. 결국 지구촌의 재난은 우리의 집단의식이 만들어낸 창조물이자 부산물인 것이다. 그렇다면 이와 반대의 의식을 갖는다면 어떻게 될까.

평화로운 마음, 서로 나누고 도와주는 마음, 서로 사랑하고 이해하며 긍정적인 언행을 한다면 이에 상응하는 사랑과 평화의 에너지가 지구촌에 가득 차고 지상낙원이 될 것이다.

우리는 지구의 세포이며 에너지라는 것을 이해해야 한다. 손가락에 가시가 박히면 온몸이 아프듯이, 나 한 사람의 오염된 행동이나 부정적 생각이 지구 전체에 영향을 미치는 것이다. 나는 지구의 한 부분이며, 결국 하나하나가 모여 지구를 이루는 것이기 때문이다.

그렇다면 지구촌의 재난으로부터 평화를 지킬 수 있는 방법은 무엇일까. 그것은 긍정적인 마음과 우주의식에 집중하는 것이라고 할 수 있다.

인터넷을 정보의 바다라고 부른다. 정보는 바다처럼 한량없이 존재하고, 정보의 바다에 접속하여 물음을 던지면, 간혹 에러가 나기도 하며 응답이 없을 때도 있지만, 대부분 즉각 답이 돌아온다.

쓰나미에서 동물이 생존할 수 있었던 것은 우주의 정보를 잘 감지할 수 있는 능력 때문이다. 동물은 순수하기에 해일 파동의 움직임을 감지할 수 있었고, 인간은 우주의 정보를 무시한 채 유희에 도취되어 있었기에 알 수 없었던 것이다.

현대를 살아가는 사람들은 탐욕과 이기심으로 인해 우주 정보와의 접속이 잘 안 되는 상황이라고 비유할 수 있다. 컴퓨터의 에러 현상과 응답이 없는 반응이 인간과 우주 사이에도 일어나고 있는 것이다. 그러나 이런 탐욕과 이기심의 때가 사라지고 마음이 텅 비워졌을 때, 우주 정보의 빛은 우리의 영감을 다시 일깨울 것이다. 우리의 분별심이 통합(남녀, 지역, 학벌, 빈부, 민족 등)되고 신성한 우주의식에 집중된다면 지혜와 영감은 다시 깨어날 것이다.

존경하는 사람과 가까이 있으면 그 사람의 언행과 사상을 닮아가듯이, 우주의식에 집중하게 되면 사랑도 충만하고 지혜로워지며 에너지가 활성화될 것이다. 우주의식은 무한 에너지이자 신神 의식이고 사랑이며 평화를 대표한다.

지금 지구촌에서는 명상과 요가, 기공 등 각종 수행법이 유행하고 있으며 심오한 정신세계를 다룬 책도 많이 출간되고 있다. 갈수록 많은 사람이 형이상학적 학문이나 철학, 정신 수련에 관심을 기울이고 있다.

그런가 하면 환경보호와 채식을 옹호하는 자연주의자도 늘고 있다. 미국과 유럽에서는 많은 정치인과 기업가, 영화배우, 스포츠인이 환경운동가와 채식주의자로 활동하고 있다. 이런 현상은 우리 지구가 점차 긍정적으로 변화되어 가고 있다는 좋은 징조이다.

세계는 국경이 사라지고 민족과 인종의 벽이 허물어지고 있으며, 글로

벌 시대, 통합 시대, 하나 되는 지구촌으로 달려가고 있다. 이 과정에서 지구는 자정을 위한 몸살을 앓고 있다. 이 영향을 받아 지구의 세포인 인간을 비롯한 동식물도 같이 아프거나 고난을 당할 수 있다.

이런 현상 속에서 자신의 심신을 잘 보존할 수 있는 길은 '의식의 깨어 있음'이다. 깨어 있다는 것은 이기심과 탐욕, 화로 인해 자신의 정신이 흐려 있는 것이 아니라 우주의 정보에 집중하고 있는 상태를 말하는 것이다. 그래야 뇌에서 최첨단 레이더가 발동되고 첨단의료기기가 내 안에서 작동하며 최고의 파동이 우리를 치유하게 된다.

지구촌에 아무리 많은 재난과 바이러스가 온다고 해도 우리의 의식이 깨어 있어 우주의 정보와 접속되어 있고, 우리의 뇌가 활성화되어 있다면 아무런 문제가 없다. 몸속의 최첨단 레이더는 한시도 쉬지 않고 완벽하게 임무를 수행할 것이다. 그 어떤 바이러스에도 즉각 대응할 것이며, 주변 정보를 바로 감지하고 판독한 뒤, 면역체계에 대응 명령을 내릴 것이다.

'맑으면 보인다'고 했다. 의식의 맑음은 마음을 밝게 하고 고요하게 하는 것에서부터 시작된다. 아무리 바쁜 현대생활이라고 할지라도 틈틈이 시간을 내어 자신의 내면에 깃들어 있는 신성한 목소리에 귀를 기울여야 한다. 이것을 '묵상' 또는 '고요한 내면으로의 집중'이라고 표현할 수 있다. 그렇다고 아무런 책만 보고 혼자 수련하거나 무턱대고 수행단체에 가입하는 것은 유의해야 한다. 훌륭한 스승과 학교에서 훌륭한 학생이 나오는 것이 낭연한 법칙이듯이, 먼저 자신을 인도해줄 스승을 찾고 귀의해야 한다.

'구하라! 그러면 구해질 것이요! 두드리면 열릴 것이다.'라고 했다. 일심으로 간절히 '큰스승'을 만나길 염원하면 분명히 찾을 수 있다. 왜냐하면 무소부재無所不在한 신은 우리의 간절한 소망에 언제나 답을 하며 나타나기 때문이다.

현대인의 위장병

인체의 위장은 자연계의 흙과 비슷한 속성을 가지고 있다. 흙이 만물을 포용하고 자비롭게 키워 내듯이, 위장도 음식물을 받아들여 다른 장부臟腑가 에너지로 만들기에 좋도록 배려한다.

위장은 좋지 않은 음식물이 들어오면 메스꺼움과 더부룩함, 구토 등으로 의사를 표현한다. 다른 장부와의 중앙 통로로서 조화와 융통성의 미덕을 드러내는 것이다. 따라서 부적절한 음식의 섭취는 이런 위장의 기능을 떨어뜨리고 인체 각 부위로 흘러가야 할 에너지의 저하를 가져온다. 이렇게 되면 인체를 보호하는 면역계가 약해지면서 재채기와 비염, 피부염 등의 알레르기 증상이 나타나고 소화 장애로 이어진다.

위장이 조화되어 있으면 사람이 믿음이 가고 융통성이 있으며, 흙과 같이 이해심이 많고 친화력이 뛰어나다. 그러나 위장이 조화의 미덕을 잃으면 우유부단하여 실천력이 떨어지며, 망상이나 공상을 좋아하고 나태해져 언행의 불일치로 드러나게 된다.

몸의 아픔과 성정의 게으름 이면에는 부적절한 음식 섭취의 원인이 숨어 있다. 중용의 미덕을 갖고 있는 위장이 부적절한 음식 섭취로 인하여 본분을 잃어버렸기 때문이다.

대지는 자연의 날씨에 많은 영향을 받는다. 위장 또한 자연의 흙과 같기 때문에 사람의 마음 상태에 따라 많은 영향을 받는다. 신경성 위장병은 인체의 날씨에 해당하는 마음이 중용을 잃어버린 탓이다.

위장의 기능을 회복하기 위해서는 청정한 음식물의 섭취, 평화스러운 마음 상태가 되어야 한다. 그리고 소식과 절제로 위장을 편히 쉬게 해야 한다. 충분히 씹어 먹어서 위장의 부담을 덜면 더욱 좋다. 위장의 회복은 인체의 기둥을 복원하는 것과 마찬가지이다.

CHAPTER 4

생활 속의
건강 철학

질병은 혈액이 오염되어 생긴 경우가 많기 때문에

단식으로 비워주고 생체식으로 혈액을 맑게 해야 한다.

대자연은 부모,
사람은 소우주로서 존재

심신영心身靈 삼위일체三位一體 건강법은 심心, 신身, 영靈의 총체적 조화를
통해 전인적 건강을 추구하는 방법이다. 앞에서 언급했듯이 세계보건기
구에서도 영적 건강을 새롭게 추가하였는데, 이 시대 흐름에 부응하는 올
바른 결정이 아닐 수 없다.

심신영 건강법은 지금 이 시대 흐름에 맞는 건강의 원리와 방법을 제
시한다. 요즘 웰빙의 흐름 속에 각종 건강법과 서적, 대체의학이 봇물을
이루고 있는데, 더러는 근본을 망각한 채 상술과 결탁해 건강을 담보로
이익만을 취하는 경우도 있어 안타깝다.

사람을 일컬어 소우주라고 한다. 인간이 대우주의 자식이라면 부모인
대우주를 닮는 것은 당연한 이치이다. 대우주는 사랑이자 평화, 완전함,

기쁨이다. 그렇다면 소우주인 인간도 당연히 그래야만 하는 것이 유전의 법칙인데, 인간은 이기심으로 인하여 서로 싸우고 분쟁하며 병들어 간다. 왜 그럴까.

그것은 대우주의 정신을 망각한 결과이다. 즉 부모와의 관계를 끊었기 때문에 유산도 보살핌도 없이 방황하고 있는 것이나 다름없다. 우리가 다시 부모와의 관계를 회복하고, 부모의 정신을 이어받을 때 영육이 새롭게 거듭날 것이다.

소우주는 당연히 대우주의 속성인 전지전능함, 무소부재, 완전무결함, 사랑, 평화 등의 유전자를 갖고 태어났다. 그러므로 원래의 완전함을 되찾기 위해 끊임없이 노력하고 다양한 경험을 추구하며 때론 기적이 연출되기도 하는 것이다.

우리는 건강이라고 하면 다부진 근육, 지칠 줄 모르는 힘과 왕성한 활동을 떠올린다. 그리고 헬스장에 가서 운동을 하고 고기와 우유, 달걀 등을 먹으려 영성의 중요성보다는 신체적 건강만을 추구한다. 그런데 현대인들은 이로 인해 만들어진 비정상적인 몸과 마음의 상태를 마치 정상인 것처럼 착각하고 사는 경우가 허다하다. 이는 분명 잘못된 것이다.

올바른 건강의 개념은 '우리를 존재하게 하는 근원이 무엇인가?'라는 물음에서 시작해야 한다. 물론 우리를 존재하게 한 근원은 바로 영혼이다. 영혼이라고 하면 어떤 이들은 먼저 색안경부터 끼고 보면서 그 의미를 특정 종교나 무당을 떠올리는 낮은 차원으로 한정 짓기도 한다. 그러나 진실한 의미를 아는 사람은 이것을 우주의식(창조주 = 영혼)으로 받아들인다.

인체는 마음에 투영된 또는 비춰진 영혼의 청사진으로 볼 수 있다. 마치 영화에서 필름이 있은 후에 화면의 현상이 결정되듯이, 진정한 건강도 육신이 우선순위가 아니며, 영적 건강을 토대로 육신에 건강이 깃드는 것이다.

'나는 왜 태어났으며 죽으면 어떻게 될까? 어떻게 해야 행복하게 살 수 있을까?' 이런 생각을 누구나 한번쯤 해보았을 것이다.

나도 어린 시절 이 문제로 인해 무척이나 고뇌하며 답을 찾기 위해 소위 기인, 도사라는 사람들을 찾아다녔다. 사실 이 답을 구하기 위해 많은 사람이 시인이나 철학자가 되며 종교에 귀의하는 것이다. 실제로 모든 종교는 사랑과 자비, 이타심, 평화와 같은 원리를 가르치고 있는데, 이는 진실로 자신의 가치를 알고 생명의 존엄성을 이해하는 데서 출발한다.

이것은 참으로 중요하다. 내가 바로 선 후에야 모든 것이 올바르게 보이고, 제대로 된 판단도 할 수 있기 때문이다. 자신의 치우친 판단과 시각은 다른 이에게 상처와 피해를 주게 된다. 그러므로 나의 올바른 깨우침이야말로 우주와 이웃의 유익이다.

나를 바로 세우면 무엇보다 마음이 편하고 행복이 넘치게 된다. 마음이 편안하고 행복하면 건강은 저절로 따라오는 것이다. 즉 자신의 존재 가치가 바로 선 후에야 나를 이해하고 타인도 이해할 수 있으며, 행복이 넘쳐 완전한 건강체를 이룰 수 있다.

우리는 정월 대보름에 호두나 땅콩으로 부럼을 깬다. 뇌를 닮은 호두와 땅콩을 깨물며 자신의 고정된 생각과 갇혀 있는 세계를 깨고, 새로운 생각과 새로운 세계로 나아가자는 염원을 담으면서 깨는 것이다. 이처럼 자신을 신성한 자아로 인식하는 것에서부터 고정된 틀은 깨지며 영적 건강이 시작된다. 우리는 대우주의 고귀한 자식이므로 자신을 존경하고 사랑해야 할 의무가 있는 것이다.

'이 세상은 연극이 상영되는 곳이며, 나는 연극의 주인공이다.'

우리의 삶은 이러한 것이다. 삶의 대본과 역할은 신의 안배에 따르고, 이 세상의 인과법과 상대성 원리를 존중한다. 이런 연극을 통해 다양한 경험을 하며 많은 교훈을 얻고, 또 올바른 품성을 익혀 나아간다. 그런데 신이 주신 대본을 무신한 채 제멋대로 연극과 연기에 지나치게 몰입하는 바람에 본래의 자신을 잃어버린 사람이 많다. 이것을 회복하는 것이 영적 건강이라 할 수 있고, 그 방법이 내면에의 집중인 것이다. 이 점을 잘 이해하고 직접 체험할 때만이 자신이 연극 속에서 행한 죄를 진정 용서받을 수 있으며, 비로소 자신을 사랑하고 존경할 수 있게 된다.

자연스럽게 자신의 역할과 사명을 다하며 흐름에 맡길 뿐 과하게 욕심을 부리지 않으면 마음도 편해진다. 노자가 말한 무위자연無爲自然은 자연스러운 깨우침의 결과이지 억지로 노력한다고 되는 것이 아니다. 진리는 자연스럽고 물 흐르듯이 다가와야 한다. 이렇게 될 때 우리는 연극의 연기자임과 동시에 관찰자가 되는 것이며, 자신이 자유롭다고 할 수 있다.

내가 모든 것을 한다는 생각이 강하면 강할수록 실망과 고뇌도 크게 따른다. 기대가 크면 실망이 큰 법이다. 집착하면 할수록 고통은 커지는 법이기 때문에 삶의 흐름 속에 순응하고 자신의 역할에 충실함이 최선인 것이다.

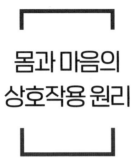

몸과 마음의
상호작용 원리

행복과 불행의 상대적 감정은 '나'라는 의식이 강할수록 심하게 다가온다. '나'는 신체에만 있는 것이 아니라 동시에 여러 차원에 존재하고 있다.

우리는 육체적 차원 외에도 여러 차원이 겹쳐진 다차원적 입체 구조이다. 양파는 여러 겹으로 둘러싸여 있지만 결국 하나이듯이, 인간도 여러 차원이 함께 공존하고 있는 것이다. 그러므로 건강도 이 점을 배제하고서는 완전한 치유가 일어나지 않는다. 또한 다차원이라는 것도 어떤 시각으로 보느냐에 따라 여러 가지 해석이 가능해진다.

심心은 기운이며 에너지이다. 사람으로는 가슴 부위이고 감정이며 도화지와 같다. 영혼의 정보와 회로에 의해 에너지가 흘러가고, 신체에 영향을 미친다. 다양한 감정이 일어나는 것은 자연의 날씨와 같은 이치이다.

신身은 영혼이 마음에 투영되어 드러난 현상이며 그림자이다. 드러난 현상계의 물질이며 신체이다. 인체에서는 하복부와 영양소를 나타내며, 마음의 감정에 따라 영향을 크게 받는다.

영靈은 만유의 근본으로서 무극이며, 우주의식, 신성, 창조주로 표현된다. 하늘을 상징하므로 둥글고 인체에서는 머리이다. 하늘은 높고 무한 에너지이자 빛이다. 영화로 보면 필름, 즉 정보에 해당하여 만물의 근원이 된다. 또한 영靈은 스스로 원만하여 원으로 나타내고, 만물을 창조하는 자궁과 같아 정精이라고 한다.

뇌는 하늘이므로 맑고 청량해야 하며 수기水氣가 완성돼야 한다. 번뇌와 망상, 탐욕, 교만, 자만은 수水 에너지를 고갈시키고 동요하게 하여 하늘의 본성을 망각하게 한다. 하늘이 본성을 잃으면 정신이 흐려지고 마음의 에너지가 교란되며, 결국 신체가 병들게 된다. 뇌에도 음과 양이 있기 때문에 우주의식과 에고가 공존하고 있는 이치와 동일하다.

사람의 가슴은 마음이므로 항상 비우고 밝으며 걸림이 없어야 에너지가 잘 흐르고 기혈에 막힘이 없다. 가슴은 대기와 같아 맑은 날씨를 좋아한다. 쾌청할 때 태양은 빛나고, 대지의 초목은 생기를 띠게 된다. 먹구름이 끼면 태양은 빛을 잃고 대지도 어둠으로 가득 차니, 대기는 맑음을 근본으로 한다.

몸과 마음의 조화를 위한
생활 속의 수행

심적 건강을 위하여

심적 건강은 신구의가 청정하고 마음이 밝아야 하며 긍정적 마음, 평화로운 마음, 반성하는 마음 그리고 채식과 봉사, 이타심이 필요하다. 마음이 청정하고 걸림이 없어야 영혼의 신성神性이 빛을 발하고 에너지가 잘 흐르게 된다. 그리고 남과 하나 되지 못하는 마음은 우주와 하나 될 수 없으며, 깨달은 세계 역시 우주의 한 부분만이 된다.

신구의가 청정하지 못하면 파동이 거칠고 탁해지므로 결국 영성을 흐리게 한다. 채식과 적절한 금식은 심신을 정화하고, 영성을 드러나게 하는 좋은 방편이다. 이렇게만 한다면 건강은 저절로 따라오게 될 것이다.

심적 건강을 위해서는 대인관계에서 오는 스트레스나 감정을 잘 조절해야 한다. 또한 내가 삶의 주인공이라는 당당함과 겸손함을 갖고 언행을 조심해야 한다. 두려움은 죄책감에서 싹트는 것이므로 하늘을 우러러 부끄러움이 없으면 신성은 저절로 드러날 것이다. 특히 감정의 부조화는 육체적 질병을 유발하므로 마음의 평화는 매우 중요하다. 심적 건강은 마음의 아름다움을 근본으로 하여 이루어지는 것이다.

육체적 건강을 위하여

육체적 건강은 적당한 운동과 절제된 습관, 소식, 채식, 자연식, 생식, 단식, 환경 정화 등이 필요하다. 몸이 건강하지 않으면 여행을 떠날 수가 없듯이 삶의 기나긴 여정도 건강하지 않고서는 건널 수가 없다. 그러나 몸은 하나의 도구와 같은 것이기 때문에 소중히 다루고 집착하지 말아야 한다.

몸이 아프면 마음이 교란되고, 마음이 교란되면 의식이 분산돼 내면의 영성에 집중할 수 없게 된다. 따라서 건강하기 위해서는 양질의 음식과 맑고 깨끗한 물과 공기를 취하고, 의복과 거주지 환경, 수면 상태, 작업 환경에 관심을 기울여야 한다. 이를 위해서는 채식과 자연식, 소식, 단식을 하는 것이 중요하며, 천연 소재 의류의 착용과 천연세제를 사용하고, 가능하면 친환경적인 주거 환경에서 거주하는 것이 좋다.

영적 건강을 위하여

영적 건강은 명상과 기도, 참선, 묵상 등 내면의 집중에서 비롯된다. 여기에는 물론 믿음과 집중력, 계율, 채식 등이 필요하다.

영靈은 인간의 본성이자 우주의식이며 창조주이다. 따라서 최고의 지혜라고 할 수 있는 제 3의 눈을 개발하기 위해 영적 수행을 해야 한다. 수행은 참된 깨달음을 얻은 스승의 안내와 제 3의 눈(지혜의 눈)을 여는 수행법 전수(거듭남), 생활 속의 실천과 정진 그리고 영적 각성의 단계를 거친다.

이 세상에는 많은 스승과 여러 가지 수행법이 있다. 그러나 무엇보다 중요한 것은 올바른 길로 이끄는 스승의 능력과 역할이다. 그리고 이를 배우는 사람과의 인연도 각각 다르기 때문에 서로 상대적일 수 있다.

수행의 각 단계마다 매 순간 바늘에 실을 꿰듯 최선을 다해 집중해야 한다. '정신일도하사불성精神一到何事不成'은 집중을 강조한 말인데, 일체의 정신수련법이 '정신통일'과 '공명'으로 귀결된다. 이렇게 해야만 잠들어 있던 지혜가 깨어나서 다음 단계로 나아갈 수 있게 된다.

욕망의 분열과 감각의 조화
그리고 성장

사람의 욕망이 끝이 없는 것은 만족하지 못하는 습성 때문이다. 모든 욕망은 자아의식을 시발점으로 식욕, 성욕을 통하여 분열하기 시작한다. 고요한 마음과 지혜에서 한 생각이 일어나고, 그 한 생각은 욕망의 파도를 타고 식욕, 성욕, 재물욕, 명예욕으로 분열 승화한다. 그리고 외부에서 이러한 욕망을 채울 수 없음을 알았을 때, 우리는 내면으로 의식을 돌리게 되는 것이다.

돈을 벌기 위해 수단과 방법을 안 가리는 행위, 출세를 위해 친구를 배신하는 행위, 멋진 배우자를 찾기 위해 노력하는 마음 등 이러한 행위는 우리 내면에 있는 아름다운 보물을 잊고 오직 밖에서만 행복을 찾으려고 하는 몸짓일 뿐이다.

사업에 실패해서 어디에도 의지할 곳이 없을 때, 모진 질병의 고통으로 신음할 때, 믿었던 친구의 배신과 가족의 죽음으로 인한 충격으로 괴로울 때, 그때 우리는 무엇인가 보이지 않는 섭리를 인정하고, 이 세상에서는 결코 채울 수 없는 완전한 사랑과 행복을 갈구하게 된다. 이 사실을 인정하기까지 우리는 너무나 많은 시간과 대가를 지불하고 있다. 세상에 대한 분노로 하늘을 원망하며, 한바탕 통곡을 하고 나면 우리의 마음에는 평화가 찾아오고 조용한 미소 속에서 신의 섭리를 인정하기 시작하는 것이다.

　우리는 평소에 자연을 가까이 하고 고대 성현의 지혜로운 말씀에 귀기울임으로써 욕망의 굴레로부터 벗어날 수 있도록 노력해야 한다. 자신의 내면과 자연에서 진선미를 느끼고 교감할 수 있을 때 외부의 감각적인 것에 이끌리지 않게 되는 것이다.

　자신의 내면에서 진리를 느끼고, 뜰 앞의 잡초에서 경이로움과 아름다움을 느껴야 한다. 오직 물질이나 말초적 감각에서만 행복과 쾌락을 느낀다면 머지않아 질병과 불행의 그림자가 엄습할 것이다. 말초의 자극적인 감각은 뇌에 과도한 화학반응을 유도하여 뇌 세포와 신경의 약화를 초래한다. 왜냐하면 외부 자극에 의한 타율적 신경 자극으로 비정상적인 뇌 호르몬이 분비되기 때문이다.

　마약, 도박, 지나친 유희, 섹스 중독 등은 뇌에 과도한 화학반응을 일으켜 더욱더 자극적인 쾌락을 추구하게 되고, 평범한 일상생활에서는 행복을 느끼지 못하는 목석같은 사람이 되어버린다. 그래서 감각에도 조화가 필요한 것이며, 조화를 잃게 되면 몸과 마음의 불균형을 초래하게 되는 것이다.

우리는 평범한 아기의 재롱에서 행복을 느낄 수 있고, 강아지의 장난에서도 미소를 짓는다. 아내의 작은 선물에 감동을 받으며, 부모님의 따뜻한 위로에서 사랑을 느끼는 것이 보통 사람의 느낌이고 온전한 감각이다.

우리의 느낌에는 음양이 있다. 누군가 식욕을 느낀다고 할 때 진정 몸이 요구하는 '허기'가 있고, 습관에 이끌리는 '식탐'이 있다. 신이 우리에게 자연의 진선미를 느끼라고 부여한 느낌도 왜곡된 정보가 입력되어 습관으로 굳어지면, 본래의 순수한 느낌은 사라지고 오직 거짓된 습관이 우리를 이끌게 된다.

그 결과 헛된 탐욕으로 중무장한 마음이 허상을 추구하며 인생을 허비하다가 죽음에 이르러서야 후회를 한다. 하지만 시간은 우리를 기다려주지 않는다. 우리의 마음은 매 순간 스스로를 심판하고 있으며, 마음속에서 천국과 지옥을 창조하고 있는 것이다.

사랑과 증오, 성공과 실패, 선과 악의 이중주 속에서 우리의 삶은 흘러가고 있다. 죄의식은 우리에게 질병과 사고를 안겨주지만, 그 속에서 교훈을 얻고 정신은 강인해져 간다. 행복은 우리를 즐겁게 해주지만, 때로는 실패와 불행을 주어 겸손의 미덕을 잃지 않게 한다.

우리의 삶은 2박자의 걸음이 상호 조화를 이룰 때만이 보다 발전적으로 성장하게 된다. 행복만이 존재하는 천국에서는 큰 발전이 없기에 고통이 가득한 이 세상으로 천사들이 내려온다고 한다. 실제로 추운 남극이나 아주 더운 아프리카에서는 문명의 발전이 어렵고, 사계절이 순환하여 환경을 극복해야 하는 곳에서 문명은 더욱 발전하게 된다.

사람도 시련과 어둠 속에서 빛을 향해 성장한다. 동서양의 조화, 남녀 개성의 조화, 아이와 노인의 조화, 물질과 문명의 조화 등 이 모든 것의 통합이 어느 때보다 지금 필요하다.

PART 04

음식에 관한
오해와 진실

라면은 우리의 일상생활에서 한 끼의 식사로 자리매김하고 있다. 3대 영양소가 들어 있는 좋은 열량식품으로 알려져 있어 누구나 즐기는 기호식품이 되었다.

그러나 여기에는 몇 가지 문제점이 존재하는데, 먼저 면발의 유해성이다. 대부분의 라면이 수입 밀가루를 사용하고 있기 때문에 방부제와 표백제의 유해성에 노출되어 있다. 또한 비타민과 무기질, 섬유질이 없으므로 영양적 불균형을 초래하며, 변비는 물론 두뇌의 공허함을 유발해 정서적 불안을 야기할 수도 있다.

라면의 스프와 면발에 식품첨가물이 많이 쓰이는데, 인산염은 칼슘의 흡수를 방해한다. 나트륨 함량이 많아 혈압 상승의 원인이 되기도 한다. 인스턴트식품 일색의 식습관이라면 언제든 변비나 정서 불안, 산성체질화, 혈액 오염 등의 질병을 유발할 요인을 갖게 된다.

어린이들이 좋아하는 과자의 대부분은 유탕遊蕩 처리가 되어 있다. 튀긴 음식은 맛이 좋고, 수분을 제거해 보존 기간이 오래가므로 이 방법을 많이 사용하는 것이다. 그러나 기름은 오래되면 산패酸敗가 되므로 유탕 처리를 한 과자를 먹으면 위장 장애를 일으키고, 뼈의 유연성과 운동성이 나빠져 관절염, 당뇨, 비만, 심혈관계질환을 유발한다.

한 나라의 기둥이 되어야 할 어린이들이 이렇듯 불량하고 오염된 식품을 먹으며 부실하게 성장하고 있는 것은 정말 심각한 문제가 아닐 수 없다.

우유는 원래 유목문화를 했던 서양인의 양식이었으나 6.25 이후 서서히 우리나라에 유입되면서 '건강식'과 '고高 영양'이라는 선전 아래 급속도로 퍼지게 되었다.

농경문화를 주축으로 한 동양인의 위胃에는 우유를 소화시키는 효소가 없다. 육식을 많이 하는 요즘 청소년은 아마도 미래에 우유를 소화시키는 효소가 생길지도 모르겠지만, 어릴 때부터 섭취하면 각종 알레르기나 피부병, 천식 등을 유발하기도 한다. 이것은 약을 먹어 외부로의 배출을 막아버리기 때문에 안에서 염증이 발생해 변종 바이러스나 세균으로 나타나기도 한다.

특히 우유 속에는 송아지를 단시간 내에 성장시키기 위한 소의 유전자 설계도가 들어 있는데, 이것을 사람이 섭취하다 보니 신체는 송아지처럼 커져도 정신 연령은 따라가지 못해 성적 범죄를 유발하는 간접 요인이 되기도 한다.

또한 젖소가 먹는 사료 속에는 각종 호르몬과 항생제, 성장촉진제, 방부제 등이 들어 있기 때문에 소에서 짠 우유 속에도 그 성분이 녹아 있다. 이것이 인체에 축적되면 각종 질병의 촉매제가 되므로 가급적이면 줄이거나 두유로 전환하는 것이 좋다.

이른 아침에 마시는 냉수는 몸에 좋은가, 나쁜가

아침에 일어난 후에 마시는 냉수는 자제하는 것이 좋다. 왜냐하면 새벽은 양기가 일어나는 시점이라 냉수는 타오르는 불씨를 꺼버리는 형국이 되기 때문이다(산성 열성체질은 무난함). 또한 늦은 밤에 냉수를 많이 마시는 것도 한기寒氣를 유발해 인체를 차갑게 만들기 때문에 역시 좋지 않다. 늦은 밤에 술을 마시는 것도 마찬가지이다.

늦은 밤의 식사는 인체의 원기를 소모기켜 노화를 촉진하기 때문에 삼가는 것이 좋다. 고요한 밤은 육체의 기능을 멈추고 내적인 에너지를 충전하는 시간대이다. 이때 식사를 하면 소화기관이 끊임없이 활동해야 하므로 내적인 충전에 집중되어야 할 원기가 소모돼 인체의 노화가 촉진되는 것이다.

식사 전후나 도중에 물을 먹으면 나쁜 것인가

밥을 먹기 전후나 식사 중에 물을 많이 마시면 위액을 희석하여 소화를 더디게 하며, 위와 장에서 가스를 발생하게 한다. 이것이 오랜 기간 지속되다 보면 가스가 역류하여 트림과 두통이 일어나기도 하고 복통을 일으킬 수도 있다. 장내에는 알칼리성 소화액이 당질을 소화시켜야 하는데, 물을 많이 먹게 되면 장내의 알칼리성이 깨어지게 돼 소화불량이 되는 것이다.

자연의 이치와 인체는 똑같이 반응한다. 식사를 한다는 것은 인체에 불을 지피는 형국인데, 물을 많이 먹으면 젖은 나무가 되어 연기가 나고 화력도 약해져 불완전연소로 인한 가스가 생성되고, 인체 원기가 소모된다. 식후에 물을 많이 먹는 것은 불 위에 물을 붓는 격이다.

소화기관이 약한 사람은 밥을 꼭꼭 씹어 먹는 습관을 길러야 한다. 천천히 씹는 과정을 통해 소화액의 분비가 촉진되고 뇌가 활성화되며, 턱뼈가 강해지면서 의지력 또한 굳건해진다.

생채식이 왜 질병 치료에 도움이 되는가

우주 원소와 대자연의 에너지를 합성해 성장하는 식물은 스스로 움직일 수 없으므로 성장 과정에서 해충과 바이러스를 물리치기 위해 각기 고유한 생화학물질을 방출한다. 바로 이런 성분이 특이한 향기와 맛, 색으로 드러나는 것이며, 현대 영양학에서는 이것을 '파이토 케미컬Phyto Chemical'이라고 부르고 있다.

우리 피 속의 백혈구는 스스로 항체를 만들어 바이러스나 유해균을 제거하는데, 이 항체의 원료가 되는 것이 식물의 생화학물질이다. 식물이 생화학물질로 해충이나 바이러스를 퇴치하듯이, 이것을 섭취한 백혈구의 항체 역시 바이러스와 유해균을 물리치는 것이다.

식물의 세포 속에는 각종 유전자 정보와 생화학물질, 에너지 등이 존재하고 있어서 스스로 성장과 분열, 합성, 방어, 조절 작용을 하며 커가고 있다. 생채식을 하게 되면 인체 세포도 이런 식물의 지혜를 흡수하게 돼 스스로 바이러스를 진단하고 박멸하며, 상처를 치유하고 재생도 하는 것이다.

인체와 자연의 신비는 우주적 관점에서 통합적으로 이해해야 하며, 분석적 방법으로는 편견과 한계성에 부딪치게 된다. 따라서 모든 것에 정령이 있다고 믿었던 인디언들의 자연 경외사상이야 말로 뛰어난 자연철학과 건강 원리를 가지고 있었던 것이다.

왜 소식을 하면 장수를 하는가

사람이 세상에 태어날 때는 심장의 박동 수와 장부의 운동량, 호흡수, 음식의 양 등이 유전자 속에 정보로 입력이 되어 있다. 마치 휴대폰을 살 때 배터리의 용량이 정해진 것과 같은 이치이다. 거칠게 사용하거나 떨어뜨리는 등 함부로 사용하면 휴대폰 수명은 그만큼 줄어든다. 반대로 소중히 관리하면 항상 새것처럼 사용할 수 있다.

사람도 이와 마찬가지의 이치가 적용된다. 예를 들어 동일한 호흡량과 식사량, 장기운동량을 부여받은 두 사람이 있다고 하자. 한 사람은 과식을 하고 쾌락적이며 무분별한 감각의 생활만을 즐거한다. 이 사람의 몸은 당연히 비대해지고 혈관은 좁아져서 심장이나 폐 등 각종 장부의 운동량을 증가시켜서 호흡은 빨라지고 헐떡이게 된다. 그 결과 장기가 많은 운동하는 만큼 타고난 전체 수명은 짧아지는 것이다.

이와 반대로 또 한 사람은 소식과 평온한 마음, 절제하는 생활 습관 등으로 심신을 잘 관리한다. 당연히 호흡은 길어지고 심장의 박동 수나 장부의 운동량은 상대적으로 줄어 전체 수명은 늘어날 것이다.

따라서 항상 음식을 적게 먹는 습관을 지닌 사람은 장부의 운동량이 적고, 과식과 폭식이 없어 비만이나 질병이 없으며, 심신이 늘 평온을 유지하기 때문에 자연히 수명도 길어진다.

음식이 왜 사람의 성격과 장부에 영향을 줄까

우리의 뇌는 각종 전기적 자극과 호르몬 분비에 의해서 인체에 명령을 전달하고 감정을 조절하고 있다. 일상생활에서 접하고 있는 환경과 음식, 대인관계 속에서 일어나는 각종 현상은 오감을 통하여 뇌에 입력이 되며, 그것은 다시 뇌에 자극을 주어 장부의 움직임이나 감정, 행동 등에 변화가 나타난다.

우리가 먹는 음식도 뇌에 직접적으로 작용하는 영향이 크다. 한 예로 각성제는 직접 뇌에 호르몬 분비를 조절하여 증상을 개선시킨다. 또한 배가 고파 머리가 멍하고 팔다리가 후들거리고 집중력이 떨어질 때 사탕이나 과일 등을 먹으면 잠시 후 증상이 없어진다. 포도당이 뇌에 에너지를 공급하여 호르몬 분비가 원활해졌기 때문이다.

그러므로 우리가 섭취하는 음식과 약, 각종 정보, 환경 등이 뇌에 복합적인 영향을 끼치고 있으며 호르몬 분비에 따라 감정과 장기의 운동 상태도 달라지는 것이다.

이와 반대로 각종 장기와 외부 육신이 다칠 경우에도 뇌와 의식 상태에 영향을 끼치게 된다. 예를 들어 실연을 당하거나 과음, 골절, 수술, 육식 등을 하면 소화가 안 되고 기분이 흥분되어 우울해지기도 한다. 이처럼 인체의 구조는 상호 복합적으로 연결되어 있는 것이다.

몸과 마음은 손바닥과 손등처럼 둘이지만 하나로 연결되어 서로 영향을 주고받고 있으며, 함께 소중히 다루고 닦아야 한다. 마음은 몸을 운전하는 운전자와 같고, 몸은 마음을 싣고 가는 자동차와 같으므로 언제나 둘의 완벽한 조화가 필요하다.

단식은 건강에 어떤 효과가 있는가

우리 몸은 날마다 체내에 누적되는 각종 노폐물과 독소를 구토나 땀, 설사, 대소변으로 배출해 중화시키고 있다. 폐는 공기의 순환을, 신장은 수분의 대사를, 간장은 피를 중화시키면서 자연치유력으로 인체를 바로잡고 있는 것이다.

그러나 잘못된 식습관과 의식은 이런 인체의 자연치유력을 떨어뜨리고, 그 결과 대장과 신장, 간장, 폐 등의 기능도 저하돼 인체에는 노폐물과 중금속 등이 자꾸 쌓이게 된다. 이것이 어느 정도 한계점에 이르면 증상이 외부로 나타난다. 이것을 우리는 질병이라고 부르는데 치료를 하지만 잘 낫지 않는 경우가 허다하다. 특히 체내에 동화되거나 흡수되지 않는 과잉의 음식물은 몸속에서 부패하고 발효해 각종 독소와 가스를 만들어내고 피를 오염시킨다.

이런 상태에서 실시하는 단식은 지치고 병들어 있는 몸속 장기에 휴식을 주어 원기를 회복시키며, 변형되거나 늘어진 장기들을 원래의 모습대로 환원시켜준다. 또한 장기 곳곳에 쌓여 있는 노폐물을 체외로 배출해 각종 세균의 원인물을 청소한다. 아울러 피를 깨끗이 하고 혈액순환을 좋게 하여 외부의 에너지에만 의존하던 우리의 의식을 내면에 존재하고 있는 참 자아로 귀의하게 하는 계기를 만들어주기도 한다.

이밖에도 집중력이 향상되고 몸무게가 정상적으로 돌아오는 등 여러 가지 이점이 있지만, 단식은 반드시 전문가의 지도 아래 시행해야 한다. 특히 단식 후의 식사조절법을 잘 지키지 못하거나 옛날의 습관으로 돌아가버리면 더 나빠질 수도 있으므로 굳은 의지가 없으면 안 된다.

평소에 채식과 소식을 실천하고 있는 사람이라면 준단식을 하고 있는 것과 똑같다. 인스턴트식품과 육식, 표백 밀가루, 흰 설탕, 흰 조미료 등 해로운 식품을 섭취하지 않고, 채식과 소식을 실천하면서 적절한 운동과 수련을 하고 있다면 굳이 단식을 하지 않아도 무방하다.

대보름에 잡곡과 나물을 먹는 것은 어떤 의미가 있는가

예로부터 동지에는 팥죽을, 대보름에는 오곡밥을 먹고 부럼을 깨는 등 우리 세시풍속의 전통 음식 문화는 도대체 어떤 의미가 있는 것일까.

311

전통적으로 대보름이 되면 찹쌀, 찰수수, 팥, 차조, 콩 등으로 오곡밥을 지어 먹었고, 아홉 가지 나물과 견과류 등을 먹는 것이 풍습이었다. 이 다섯 종류 이상의 잡곡은 인체에 필요한 영양소를 서로 보완하고 보충하자는 것이며, 달맞이를 하는 것은 보름달의 환하고 둥근 모습을 보며 인의예지신이 조화된 사람, 즉 둥글고 원만하며 어둠을 밝혀주는 환한 인격자가 되고자 하는 것에 그 의의가 있다.

채소를 구하기 어려웠던 옛날에는 말려두었던 무청과 고사리, 취, 호박나물, 고구마순, 무, 가지, 토란줄기, 도라지, 아주까리 등을 나물로 만들어 섭취했다. 그 이유는 겨울에는 운동량과 일조량이 부족하여 뼈가 약해지는 것을 방지하고, 부족한 각종 비타민과 무기질을 섭취해 체액을 중화시키기 위한 것이었다. 이렇게 각종 나물을 먹음으로써 면역력이 커져 겨울을 잘 보낼 수 있었던 것이다.

견과류는 인체에 양질의 단백질과 지방질, 지용성 비타민을 보충해주어 원기를 키워줘서 추위를 이기게 한다. 내적으로는 단단한 껍질을 깨고 안의 핵을 먹음으로써 우리 내면을 둘러싼 온갖 관념과 집착의 틀을 깨트리고 거듭나고자 한 의미가 있다.

살이 찌는 시간이 따로 있을까

살찌는 사람들의 습관을 살펴보면 대체로 식사하는 시간이 빠르고 과식과 군것질을 많이 한다. 야식을 좋아해 라면이나 과자, 아이스크림 등을 먹고 잠을 자는 경우도 많다.

　인체는 아침에 피하지방을 분해하는 호르몬이 많이 분비되고, 저녁에는 피하지방을 축척시키는 호르몬이 많이 분비된다. 따라서 저녁과 밤에 식사를 많이 하면 지방이 축척되고, 인체 장부의 노화가 촉진된다. 또 음식을 천천히 씹어 먹으면 조금만 먹어도 뇌가 포만감을 느끼지만, 빨리 먹으면 위 속은 음식물이 가득해도 혈당치는 높아지지 않으므로 뇌에서 '배가 부르다'는 신호를 주지 않는다.

　음식은 섭취 후 30분가량 지나야 포도당으로 바뀌어 혈당치가 높아지고 뇌가 비로소 포만감을 느끼게 되는데, 음식을 빨리 먹으면 뇌가 포만감을 느낄 시간이 없기 때문에 자연히 많이 먹어 과식하게 되는 것이다.

단 것을 먹으면 정말 이가 썩을까

　한의학적 해석에 따르면 이는 인체에서 신장의 영역에 속해 있으며, 수水의 기운을 갖고 있다. 그리고 단맛은 토土의 기운을 갖고 있는데, 사탕이나 꿀, 엿 등의 단 것을 많이 섭취하면 토土가 수水를 약하게 하여 신장에 속한 이가 부실해지는 것이다.

　치과 치료는 이런 점에 관심을 두고 식이요법과 병행하는 것이 좋다. 단맛은 이뿐만 아니라 뼈도 부식시킨다. 토土의 활성화된 세균이 수水의 뼈를 부식시키는 것이다.

소금의 음과 양

음식을 짜게 먹으면 좋은가, 싱겁게 먹으면 좋은가에 대한 찬반양론이 많다. 그런데 보편적인 기준으로 볼 때 음식을 짜게 먹으면 나트륨 섭취가 증가한다. 나트륨이 혈관 속으로 많이 들어가면 수분까지 같이 끌려들어가 혈액의 부피가 커지고 혈관은 더 세게 압력을 받게 된다. 이렇게 되면 높아진 압력을 지탱하기 위해서 혈관벽은 점점 두꺼워지고, 혈관은 계속 좁아진다. 그래서 심장이나 신장으로 향한 혈액의 흐름이 약해지고 그 장기들이 손상을 입게 된다. 그러나 너무 싱겁게 먹으면 인체는 무력해지고, 염증이 유발되며 조직이 물러진다.

서양인은 육식을 주식으로 하므로 싱겁게 먹는다. 왜냐하면 육류 속에 염분이 많이 포함되어 있고, 인체의 체온이 높으므로 간기를 적게 섭취해도 되기 때문이다. 이와 반대로 동양인은 곡채식 위주의 식단이고, 체질이 서늘하므로 적절한 염분을 섭취해야 한다. 모자라는 것도 안 되지만 지나치게 많이 섭취하는 것도 문제이다. 따라서 인체가 반드시 필요로 하는 만큼의 염분을 적절히 섭취하는 것이 중요하다.

알은 인체와 정신에 어떤 영향을 미칠까

우리는 눈 주위에 멍이 들면 흔히 달걀로 문질러서 그 나쁜 기운을 흡수시키곤 한다. 이것은 '알'이라는 특성이 에너지를 흡수하는 성질이 강하기 때문이다.

알은 특히 어둡고 무거운 기운과 잘 통한다. 옛날에는 환경이나 사람이 순수하였으나 지금은 환경과 음식 등 모든 것이 오염되어 있으므로 알을 섭취하면 이런 주변의 탁한 에너지를 끌어당기게 되는 것이다.

알이란 아직 생명으로 진화하기 이전의 상태로서 고도로 응축된 에너지의 결집체이다. 특히 외부 에너지와 탁한 기운을 강력히 흡수하는 성질로 인해 알을 섭취한 인체는 잘못하면 질병에 걸릴 수가 있고, 그 외의 나쁜 기운을 가져올 수 있다. 그리고 달걀을 비롯한 알은 섭취한 사람의 성욕을 자극하는 등 동물적인 본능을 일깨우기도 한다. 우유 속에 소의 설계도가 입력되어 있듯이, 달걀에도 닭의 설계도가 들어 있다.

사람이나 동물을 육체적 차원으로만 보느냐, 영적 차원으로 인식하느냐에 따라 음식 섭취의 관점이 달라진다. 우유와 달걀의 영양이 우수하여 섭취한다고 주장하는 사람들은 스스로를 동물의 수준으로 끌어내리는 행위이다. 닭은 호전적이며, 식욕과 성욕이 강하다. 따라서 알의 과도한 섭취는 혈압 상승을 일으키고, 동물적 본능을 자극하게 되는 것이다.

예전에 땅바닥에 흩어진 곡식과 땅속의 벌레들을 파먹고 살던 닭들이 낳은 달걀은 일주일 정도가 지나면 곯아 먹을 수 없었지만, 요즘 달걀은 한 달이 지나도 썩지 않는다. 그 이유가 무엇일까.

하루에 하나만 낳아야 할 공장형 사육장의 비정상적인 닭들은 두 개, 세 개씩의 알을 낳기도 한다. 과연 이 달걀을 먹어야 할지, 먹지 말아야 할지는 여러분의 지혜와 판단에 맡긴다.

중국 음식의 가짓수는 헤아리기 어려울 정도이며, 요리사의 솜씨 또한 세계 최고라고 내세울 만하다. 그러나 화려함 뒤에 어두운 그림자가 있으니, 그것은 과도한 기름과 조미료의 사용이다.

중국은 우리나라보다 수질이 나쁘고 땅이 넓기 때문에 음식의 허와 실을 잘 가려야 한다. 특히 기후가 더운 남쪽 지방은 거의 모든 요리에 기름을 사용하고 있다. 음식이 상하는 것을 막고, 각종 세균과 식중독균을 고온에서 살균하며, 또 보존을 용이하게 하기 위해 기름을 이용한 요리가 발달한 것이다.

건강의 첩경은 혈액의 청정함과 순환성에 있는데, 과도한 기름 섭취는 혈액의 점성粘性을 높이고 비만을 촉진해 각종 성인병을 유발한다. 그래서 중국인은 차를 많이 마셔서 그것을 씻어내는 것이다.

요즘 중국은 화학조미료MSG를 모든 요리에 듬뿍 넣은 것이 유행처럼 돼 있다. 이것은 후두부의 작열감灼熱感과 메스꺼움, 근육 경직, 불쾌감 등을 유발한다. 화학조미료는 흥분성 신경전달물질이 들어 있어 많은 양이 신경조직에 흡수되면 신경세포막을 파괴하며 대사기능의 이상을 초래하기도 한다. 그리고 칼슘 흡수를 막아 골다공증을 유발하고, 감정을 흥분시켜 평정을 잃게 한다. 또한 본연의 미각을 잃게 만들고, 요리의 맛을 교묘히 위장하여 과식을 유도한다.

화학조미료 속에 함유된 화학성분은 인체 호르몬계를 교란시키고, 감정의 조화마저 깨뜨려버리므로 우리의 식탁에서 절대 멀리해야 할 재료이다. 대신 천연의 채소와 과일, 견과류, 해조류 등으로 천연조미료를 만들어 사용하면 건강에도 유익하고 잃어버린 미각과 재료의 맛을 새롭게 음미하게 될 것이다. 특히 어린이는 맛에 길들여져 습관이 되면 고치기가 어렵기 때문에 어릴 때부터 반드시 천연조미료에 입맛을 길들이도록 해야 한다.

감기에 걸렸을 때 과일이나 물을 섭취하는 것이 좋은가

감기에 걸려 병원에 가면 물을 많이 마시고 과일을 많이 섭취하라고 한다. 물을 충분히 마셔 바이러스를 씻어 내고, 과일의 비타민C가 감기 치료에 많은 도움이 된다고 한다. 그리고 얼음찜질이나 해열제로 열을 내리기도 한다. 물론 이 방법이 전혀 틀린 것은 아니지만, 이는 주로 열이 많은 서양인들에게 맞는 방법이다.

감기에 걸렸을 때 물을 많이 마시고 과일을 먹으면 감기가 1주일 이상 지속된다. 사람들은 당연한 것으로 받아들이고 약을 먹어 콧물이나 기침 등의 증상이 없어지면 많이 개선되었다고 생각한다.

한기로 인한 감기에 걸렸을 때, 물의 섭취를 줄이면서 과일을 끊고 충분한 휴식과 체온 관리를 하면 2~3일 이내에 치유된다. 목을 축일 정도로만 따뜻한 물을 마시고, 하루 정도 단식을 하고 나면 거의 원래 상태로 회복이 된다. 과로로 인한 감기는 원기의 쇠약이 원인이므로, 이때에는 충분한 휴식과 에너지가 필요하기 때문에 과일이나 비타민 등이 도움이 된다. 또 스트레스로 인한 감기 증세는 마음의 평정이 이루어져야 근본 치유가 가능하다.

감기는 원인과 증상이 다양하므로 처방이 달라야 한다. 차가운 성질의 물과 과일의 섭취는 치유를 더디게 한다. 동양인이 아이를 낳고 나면 더운물로 아기를 씻기고, 서양인은 차가운 물로 아기를 씻기듯이, 감기의 치유도 체질을 간과해서는 안 된다. 즉 한기寒氣로 인한 감기에는 과일이나 차가운 물의 섭취, 해열제 복용은 자제해야 한다.

체했을 때 손끝을 따는 것은 효과가 있는가

체증이 있을 때 흔히 바늘이나 침으로 손끝을 따 사혈을 시킨다. 그러나 자주 체한다면, 먼저 식습관이나 식도와 위장의 상태를 점검할 필요가 있다.

폭식暴食과 급식急食, 차가운 음식을 급하게 먹는 것, 다른 생각하면서 급히 먹는 것, 마음이 편치 않은데 습관적으로 먹는 것, 너무 건조한 음식을 급하게 먹는 것 등이 급체의 원인이다. 따라서 음식을 여유로운 마음으로 천천히 꼭꼭 씹어 먹으면 절대 체하지 않는다.

천천히 꼭꼭 씹을 때 음식의 온도는 체온과 비슷해지고, 잘게 부서져 침과 섞임으로써 음식은 식도를 타고 잘 내려가게 된다. 급한 마음과 긴장된 심신의 상태는 근육의 경직을 초래해서 음식을 얹히게 하여 잘 내려가지 못하는 것이다.

그리고 손끝의 피를 뽑으면 인체 기압의 변화를 가져와 혈류와 기氣의 흐름이 순간적으로 세지게 되므로 체한 음식물이 밑으로 내려가게 된다. 체기가 오래갈 때는 몸을 따뜻이 해주면서 단식을 하는 것이 좋다.

이와 함께 체기가 오래가면 천천히 걷는 운동을 병행하는 것이 좋다. 속을 비운 상태에서 걷기를 하면 장부의 진동으로 떨림이 활성화돼 음식물이 내려가기 때문이다.

아토피와 인체의 자연치유력

자연은 스스로의 자정自淨 능력이 있고, 이는 우리 인체도 마찬가지이다. 인체를 오염시키는 이물질이 들어오면 외부로 배설하여 오염을 막으려고 하는 것이 자연치유력의 역할이다. 이때 발생하는 증세가 콧물과 재채기, 피부염증, 가스, 치질, 무좀, 습진 등으로 치유의 근본은 오염물질을 섭취하지 않는 것이며, 빨리 배설할 수 있도록 도와주는 것도 중요하다.

따라서 피부 모공을 열어주는 산림욕과 적절한 운동, 섬유질이 풍부한 채소와 곡류, 청정한 음식의 섭취 등이 도움이 된다. 특히 체내 환경을 개선하지 않은 채 연고로 외부의 증상만을 덮어버리면, 노폐물이 체내에서 부패하고 굳어지므로 세포의 변질을 초래한다. 이것이 심해지면 피부병이나 암과 같은 각종 질환으로 발전하는 것이다.

아토피나 피부병, 알레르기 증상 등은 자연식을 하고, 몸을 청소해주면 거의 치유가 된다.

대지의 초목들은 대기의 에너지와 토양의 영양을 스스로 합성해 삶을 영위한다. 그러나 자연의 탯줄이 부족하면 말라죽게 되고, 오염이 되면 이상성장異狀成長을 하며, 바이러스나 해충이 들끓게 될 때 병들게 된다. 토양에 영양이 부족해도 잘 성장하지 못하고 부실하게 된다.

인간에게도 자연과 동일한 원리가 적용된다. 사람의 피 속에는 섭취한 음식으로부터 분해 합성한 영양과 산소가 녹아 있으며, 이것이 세포의 영양소가 되어 인체를 조절해나간다. 이때 피가 모자라면 인체는 공급받아야 할 영양과 산소가 부족해진다. 그러면 아기를 키울 자궁의 상태도 마른 땅처럼 건조하여 싹을 틔울 수 없기 때문에 태아의 착상이 잘 안 되는 것이다.

만약 육식이나 정제된 가공식품의 과다 섭취로 혈액이 오염돼 있다면, 이것을 섭취하는 자궁의 세포도 오염될 것은 당연한 일이다. 오염된 환경으로 인하여 초목이 이상성장을 일으키듯, 오염된 영양을 공급받는 태아에게도 이상이 일어날 수 있는 것이다.

과도한 스트레스나 분노 등은 인체 내에서 더욱더 열기를 불러일으켜 인체 수분을 증발시킨다. 그 결과 혈액 농도가 높아져 끈적이게 되며, 독소 호르몬을 혈액 내에 흐르게 한다. 이처럼 마음의 상태도 혈액 상태에 많은 영향을 끼쳐 각종 여성질환의 원인을 제공한다.

살아 있는 영양소를 제거한 정제된 가공식품은 아무리 많은 양을 섭취한다 해도 혈액 내의 영양 부족을 일으키고, 빈혈 현상과 과식을 유발하게 된다. 이런 원인들이 상호 복합적으로 작용해서 불임과 생리통, 각종 자궁병을 일으키는 것이다.

물이 맑고 영양소가 풍부하면 물고기가 잘 헤엄치고 놀듯이, 사람의 혈액도 맑고 풍부하다면 임신이 안 될 리가 없다. 따라서 혈액을 맑게 만들어주는 생채식과 자연식 위주로 식단을 꾸미고, 화평한 마음을 유지해 나아간다면 자연스럽게 임신도 되고, 각종 질환도 호전될 것이다.

현대의학에서 포기한 여성의 불임도 자연의학의 관점으로 자궁을 비롯한 인체의 환경을 잘 가꿔주면 충분히 극복할 수 있다.

식물의 섭취는 살생인가, 아닌가?

성경에 '씨 맺는 곡식과 채소와 열매를 네 양식으로 삼아라.'라는 말이 있듯이, 우리가 식물을 섭취하는 것은 창조주인 신의 법칙이다.

식물은 움직일 수가 없으므로 동물이 먹고 버린 씨앗이나 배설물을 통하여 자신의 존재를 번창해나간다. 우리가 열매를 따 먹고 씨앗을 다시 땅에 던져놓으면, 몇 배의 보답으로 다시 열매를 선사하는 것이 식물이다.

동물은 목이나 손발을 자르면 다시 재생이 되지 않지만, 식물은 반대로 적당히 가지치기를 해주면 더 잘 번성한다. 또한 식물은 씨앗이나 뿌리, 줄기를 통하여 원래의 모양을 복원해내는 능력이 있다. 이 때문에 밭에서 부추를 계속 잘라서 먹고, 메밀도 늘 새순을 채취할 수 있는 것이다.

식물을 섭취하는 행위도 엄격하게 보면 생명을 빼앗는 것처럼 보인다.

하지만 식물의 섭취는 앞에서 말한 여러 가지 상황으로 유추해볼 때 지구의 법칙이라고 볼 수 있다. 식물은 빛 에너지와 대기 그리고 토질의 에너지를 합성하여 우리에게 선사하고 있다. 이것은 우리 몸에 동화되며, 인체를 맑게 정화시킨다. 모든 초식동물들도 다 마찬가지이다. 이렇듯 동물은 식물을 섭취하고 식물은 이렇게 번성해나간다. 서로가 산소와 이산화탄소를 교환하며 공생하고 있는 것이다.

식물은 대지의 어머니로서 인간에게 사랑의 젖을 주는 것을 보람으로 느끼며 살아가고 있고, 인간은 식물의 젖을 통해 완성된 방향으로 성장해나가고 있다. 따라서 식물의 섭취는 결코 살생이 아닌 사랑과 감사 그리고 은혜인 것이다.

1987년 경주의 따뜻했던 봄, 제가 대학을 입학하던 해였습니다. 버스를 타고 2시간 정도 경주 외곽도로를 달리면 도착하는 형산강 옆 작은 시골 마을이 있습니다. 그곳에서 농사를 짓고 사는 농부들에게는 한결같은 꿈과 믿음이 있었습니다. 자식이 대학에 들어가면 좋은 곳에 취직하고, 앞으로도 잘살 수 있을 거라는 믿음이 그것이었지요.

내 부모님 세대는 그 믿음을 꿈으로 삼아 땀과 정성으로 버무린 농사를 지었습니다. 자신들의 고생을 못 배운 탓이라 여기어, 자식만은 떳떳하고 반듯하게 살기를 원하셨습니다. 그리고 자식의 미래를 위해서라면 어떤 고생도 마다 않고 묵묵히 일하셨습니다.

그러나 저는 그런 부모님의 기대를 조금도 채워드리지 못했습니다. 어릴 적 집안의 어떤 고난이 계기가 되어 제 삶과 존재에 대한 의문을 품게 되었습니다. 어두운 장롱 속에 틀어박혀 혼자 사색을 하기도 하고, 깊은 밤 지붕 위 기왓장에 앉아 별들을 보며 여러 가지 상상을 하곤 했습니다. 조금씩 나이가 들면서 제 눈에 비쳐지는 세상은 모순과 불평등만이 존재하는 곳이었습니다. 저는 이런 것들을 지켜보면서 생각했습니다.

'분명 이 세상과 사람의 인생을 움직이는 어떤 거대한 힘이 있는데, 그
것이 도대체 무엇일까?'
'왜 사람들은 새처럼 자유롭지 못하고 고통스럽게 살아갈까?'
'어떤 사람은 부잣집에 태어나 행복하게 사는데, 왜 어떤 사람은 가난
하고 아프며 노력해도 안 되는 것일까?'

어린 시절, 햇볕이 내리쬐는 한여름의 마당에 쪼그려 앉아 개미들을
지켜보며 생각했습니다.

'내가 이 개미들을 보듯이 아마 저 하늘 위에서 큰 신들도 나를 보고 있
을 거야. 지구의 땅을 끝까지 파고들어 가서 우주로 떨어지면, 우주인
이 나를 행복한 곳으로 데려가지 않을까?'

이런 상상들을 하며 시간을 보내곤 했습니다. 저의 바람은 오직 '어떻
게 하면 행복해지고 평화스러우며, 자유로울 수 있을까?' 하는 것뿐이었
습니다. 하지만 가족도 친구도 저의 이런 내면세계를 알지 못했고, 그렇
게 방황하며 10대와 20대를 보냈습니다.

20대가 되면서 정신세계와 종교철학에 관심을 두며, 소위 '도사'라는
사람들과 '기인'이라는 분들을 찾아다니며 의문의 해답을 구하고자 했습
니다. 그러나 제 마음은 아무리 노력해도 채워지지 않는 공허로 인해 지

칠 대로 지쳐 갔고, 20대 중반에는 심신이 극도로 쇠약해져 갔습니다.

그런데 제가 불쌍해서인지, 하늘의 축복으로 28세 되던 해에 훌륭한 스승님을 만나게 되었고, 그제야 비로소 마음의 평화와 안정을 찾을 수 있게 되었습니다. 그리고 이때부터 완전한 채식과 명상을 실천하며 제 자신을 진정 사랑할 수 있게 되었습니다. 이 모든 것이 스승님의 축복이며 사랑이었던 것입니다.

우주는 넓고, 배워야 할 부분도 우주와 같다고 생각합니다. 그러하기에 부족한 저는 늘 공부하는 마음으로 살아가려고 노력합니다. '아는 것이 힘이다.'라는 말처럼, 세상의 이치와 자신을 이해하는 만큼 타인에 대한 이해와 사랑도 커지지 않나 생각합니다.

젊은 시절의 고통과 방황은 짧은 시간 동안 많은 것을 경험하고 느끼게 했습니다. 세월이 지난 지금에야 이 모든 것이 신의 안배였음을, 제 영혼의 선택이었음을 알게 되었습니다. 그리고 제가 지은 많은 잘못과 죄를 참회하며 용서를 빌었습니다.

사람은 절대 죄를 짓거나 다른 사람에게 상처를 주고는 마음 편히 살 수 없다는 것을 절절히 느꼈습니다. 모든 병이 자신의 양심의 가책에서 온다는 것을 느끼게 되었고, 자신을 용서하고 사랑할 때만이 나을 수 있다는 것을 알게 되었습니다. 이 모든 것을 느끼게 해주신 스승님께 감사드립니다.

아들이 잘 되기만을 바라시며 묵묵히 막걸리 잔만을 들이키시던 농부는 이제 집 밖으로 잘 나가지도 않게 되었습니다. 크게 내세울 만한 자식 농사도 없고, 삶의 꿈을 잃어버렸기 때문입니다.

지난 세월 끝없는 농사일로 인해 부모님의 육체는 이제 쇠약해질 대로 쇠약해지고 성격마저 아기처럼 나약해졌습니다. 자식들이 모두 객지로 떠난 텅 빈 시골집에서 TV 뉴스와 연속극으로 외로움을 달래며 명절만을 기다리며 살아가십니다.

그렇게 살아오신 제 부모님과 제 부모 세대들의 마음을 이제야 조금 헤아려봅니다. 지금까지 공부한다는 미명하에 객지로 떠돌며 용돈 한번, 여행 한번 제대로 시켜드리지 못했음에 마음이 아픕니다. 동네 어른들, 친척들 앞에서 의기소침해 하셨을 모습을 짐작하며, 정말 불효자라는 생각도 많이 했습니다.

오랜만에 집에 가면 장성한 자식을 걱정하시며 온갖 것을 챙겨주시는 모습에서 어쩔 수 없는 부모와 자식 간의 정을 뼈저리게 느끼며 돌아옵니다. 자식이 어떤 모습이든 부모의 사랑과 희생에는 끝이 없다는 생각에 군사부일체라는 말씀을 떠올리며 눈을 감습니다.

이제 부모님 머리는 백발로 덮여지고, 연로한 육체는 앙상한 나뭇가지처럼 야위어만 갑니다. 비록 부모님 기대에는 못 미치는 자식이지만 어느 곳에서 살든지 착하고 양심적인 삶은 약속할 수 있기에 최소한의 불효는 면해 보려 합니다.

제가 이 책을 내게 된 것도 부모님 때문입니다. 부모님의 은혜를 생각하며, 그저 작은 선물로 드리고 싶었습니다. 그동안 기대를 너무 저버렸고 실망만 안겨드렸지만, 마냥 허송세월만 한 것이 아니라 이렇게 살아왔고, 앞으로 어떻게 살 것이라는 믿음을 드리고 싶었습니다. 책을 내기 전 많은 생각을 했습니다.

'세상에는 뛰어난 분들이 많은데, 부족한 내가 과연 책을 낸다는 것이 우스운 짓은 아닌가'

'혹시나 부족한 내용으로 누군가의 시간과 돈을 낭비하게 하는 것은 아닌가'

'공부가 좀 더 깊어지면 그때 다시 한 번 생각해보자.'

그러다가 부모님을 생각하면서 용기를 내어 출판하게 되었습니다. 부족한 내용을 질타해주시면 언제든지 겸허하게 받아들이겠습니다.

마지막으로 이 책이 출판되기까지 부족한 원고를 갈고 닦아주신 소금나무 출판사 가족에게도 진심으로 감사드립니다.

신의 축복이 모든 이에게, 우주에 평화가 충만하기를 기원합니다.

이도경의 소울 푸드 & 채식 아카데미

1. 한국채식약선문화원

* 채식약선요리수업(음양오행을 활용한 한국적 채식약선)

* 체질과 망진(체질과 심리 건강 / 인체에 드러난 질병의 징조)

* 증상별 식이요법(다양한 증상에 도움이 되는 음식요법과 한방차)

* 의역식 삼위일체 전문가반(음식요법, 가정주치의, 심리의 통합 과정)

2. 생활채식 요리연구반

* 대체육콩단백요리(콩치킨, 콩불고기, 콩탕수, 콩삼계탕 등)

* 채식일품요리(손님초대요리, 샐러드, 영양밥, 뷔페식, 코스식 등)

* 채식도시락(샐러드, 초밥, 덮밥, 깁밥, 콩불고기,생식 등)

3. 채식 컨설팅 & 채식 매뉴 개발

* 채식 매뉴 / 레시피 개발(기업체, 식당, 병원, 어린이집, 카페 등)

* 채식 식당 창업컨설팅 (뷔페, 분식, 코스, 도시락 등)

* 채식 급식(학교, 군대, 기업체, 정부 청사, 병원 등의 구내식당)

* 외국인을 외한 비건 채식 메뉴(이슬람, 인도 등 비건인의 매뉴)

4. 외부 출강 & 개인 맞춤 상담

* 채식과 음식 철학 관련 외부 특강 및 강좌

* 체질, 가족 증상과 관련된 식이요법 개인 맞춤 상담

* 예비 신랑신부를 위한 태교, 육아와 이유식, 건강 원리 수업

* 음양오행을 활용한 음식인문학 외부 출강(꼴과 질병, 체질과 심리·적성 등)

5. 연락처

전화 : 010-5527-3587

이메일 : backgng1@naver.com